国家改革和发展示范学校建设项目
课程改革实践教材
全国土木类专业实用型规划教材

建筑施工组织与管理

JIANZHU SHIGONG ZUZHI YU GUANLI

主　编　韩翠英

副主编　张海昂　张　瑞　吕国伟

　　　　王庆刚

编　者　刘东华

哈尔滨工业大学出版社

HITP
HARBIN INSTITUTE OF TECHNOLOGY PRESS

内 容 简 介

本书是根据职业学校建筑工程类专业的培养目标和建筑施工组织的教学大纲,并结合职业学校的学生特点编写的。本书采用"项目教学法"的编写思路、模块式课程结构,以强化职业能力为主,注重岗位能力的培养,强调理论联系实际,突出职业教育的特点。

全书共分 6 个项目,主要内容包括施工组织概述、流水施工横道图编制、网络进度计划图编制、施工准备工作、施工管理计划的制订、单位工程施工组织设计。每个项目中附有案例实解、技术点睛、基础同步、实训提升。

本书可作为各级职业学院土木类专业的教学用书,也可作为相关专业施工人员和工程技术人员的参考用书。

图书在版编目(CIP)数据

建筑施工组织与管理/韩翠英主编. —哈尔滨:哈尔滨
工业大学出版社,2015.2
全国土木类专业实用型规划教材
ISBN 978-7-5603-5221-3

Ⅰ.①建…　Ⅱ.①韩…　Ⅲ.①建筑工程—施工组织—
中等专业学校—教材　②建筑工程—施工管理—中等专业
学校—教材　Ⅳ.①TU7

中国版本图书馆 CIP 数据核字(2015)第 019132 号

责任编辑　李广鑫
出版发行　哈尔滨工业大学出版社
社　　址　哈尔滨市南岗区复华四道街 10 号　邮编 150006
传　　真　0451-86414749
网　　址　http://hitpress.hit.edu.cn
印　　刷　三河市越阳印务有限公司
开　　本　850mm×1168mm　1/16　印张 9　字数 260 千字
版　　次　2015 年 2 月第 1 版　2015 年 2 月第 1 次印刷
书　　号　ISBN 978-7-5603-5221-3
定　　价　20.00 元

PREFACE
前言

　　"建筑施工组织"是建筑工程技术专业的一门主要专业课程，对学生职业能力的培养和职业素养的养成起主要支撑作用。它所研究的内容是建筑施工项目管理科学的重要组成部分，对建筑施工项目全过程管理、推动建筑企业技术进步和优化项目管理起着关键作用。

　　本书是根据职业学校建筑工程类专业的培养目标和建筑施工组织的教学大纲，并结合职业学校的学生特点编写的。

　　本书采用"项目教学法"的编写思路、项目式课程结构，以强化职业能力为主，注重岗位能力的培养。在编写过程中，编者根据多年的专业教学实践和经验，参阅了国家、行业制定的新的规范和标准以及大量的本专业书籍，确保本书的系统性、先进性、实用性和可操作性，便于本课程的案例教学和实践教学。

　　本书立足于基本理论，注重实际能力的培养，结合学生的思维特点和学习习惯，按照由易到难的思路展开，阐述了单位工程的施工组织文件的编制方法和步骤。各项目中都有和工程实际紧密结合的案例实解，并在课后配有基础同步和实训提升，以进一步提高学习者分析问题、解决问题的能力。

　　本书整体教学内容及课时分配如下：

教学内容及课时分配

项目	内容	建议课时
项目1	施工组织概述	2
项目2	流水施工横道图编制	16～20
项目3	网络进度计划图编制	18～20
项目4	施工准备工作	4～6
项目5	施工管理计划的制订	6
项目6	单位工程施工组织设计	12

本书由石家庄工程技术学校的韩翠英老师担任主编。具体分工如下:项目 1 由石家庄工程技术学校的张海昂老师编写,项目 2、项目 6 由石家庄工程技术学校的张瑞老师编写,项目 3、项目 4 由石家庄工程技术学校的韩翠英老师编写,项目 5 由石家庄工程技术学校的吕国伟老师编写,聊城市技师学院王庆刚老师、烟台城乡建设学校刘东华老师参与了本书资料的整理工作。

本书在编写过程中参考了一些有关施工组织设计的教材、规范及案例资料,在此谨向原著作者表示衷心感谢。

由于编者水平有限,书中疏漏和不足之处在所难免,敬请读者批评指正。

编　者

目录

CONTENTS

项目 1 施工组织概述

项目目标 >>>>>>

【知识目标】

1. 了解本课程的教学方法和学习方法；
2. 熟悉建设项目的组成和施工程序；
3. 掌握施工组织设计的概念、内容和程序；
4. 明确本课程的学习目的。

【技能目标】

能正确地区分建筑工程施工组织设计类别，正确拟订建筑工程施工组织设计的组成内容。

【课时建议】

2 课时

1.1 建筑施工组织研究的对象和任务

对象:针对建筑工程施工的复杂性,研究工程建设的统筹安排与系统管理的客观规律,制定建筑工程施工最合理的组织与管理方法。

任务:从施工的全局出发,根据具体的条件,以最优的方式解决施工组织的问题,对施工的各项活动做出全面的、科学的规划和部署,使人力、物力、财力、技术资源得以充分利用,达到优质、低耗、高速地完成施工任务的目的。

1.2 基本建设项目和建筑工程施工程序

1.建设项目及其组成

基本建设项目,简称建设项目。按一个总体设计组织施工,建成后具有完整的系统,可以独立形成生产能力或使用价值的建设工程,称为一个建设项目。在工业建设中,一般以拟建的厂矿企事业单位为一个建设项目,如一个工厂;在民用建设中,一般以拟建的企事业单位为一个建设项目,如一所学校。

基本建设项目可以从不同的角度进行划分:按建设项目的性质可分为新建、扩建、改建、恢复和迁建项目;按建设项目的用途可分为生产性建设项目和非生产性建设项目;按建设项目的规模可分为大型、中型、小型建设项目。一个建设项目,按其复杂程度可分为以下几类工程。

(1)单项工程。单项工程是指具有独立的设计文件,能独立组织施工,竣工后可以独立发挥生产能力或效益的工程,又称工程项目。一个建设项目可以由一个或几个单项工程组成。例如,一所学校中的教学楼、实验楼和办公楼等。

(2)单位工程。单位工程是指具有单独的设计图纸,可以独立施工,但竣工后一般不能独立发挥生产能力或效益的工程。一个单项工程通常都由若干个单位工程组成。例如,一个工厂车间,通常由建筑工程、管道安装工程、设备安装工程、电气安装工程等单位工程组成。

(3)分部工程。分部工程一般是指按单位工程的部位、构件性质及使用的材料或设备种类等不同而划分的工程。例如,一栋房屋的土建单位工程,按其部位可以划分为基础、主体、屋面和装修等分部工程;按其工种可以划分为土方工程、砌筑工程、钢筋混凝土工程、防水工程和抹灰工程等。

(4)分项工程。分项工程一般是按分部工程的施工方法、使用材料、结构构件的规格等不同因素划分的,用简单的施工过程就能完成的工程。例如,房屋的基础分部工程可以划分为挖土方、混凝土垫层、砌毛石基础和回填土等分项工程。

2.建筑工程施工程序

建筑工程施工程序是指工程项目整个施工阶段所必须遵循的顺序,它是经多年施工实践总结的客观规律,一般是指从接受施工任务到交工验收所包括的各主要阶段的先后次序。它通常可分为5个阶段:确定施工任务阶段、施工规划阶段、施工准备阶段、组织施工阶段和竣工验收阶段。其先后顺序和内容如下。

(1)承接施工任务,签订施工合同。建筑施工企业承接施工任务的方式主要有3种:一是国家或上级主管单位统一安排,直接下达任务;二是建筑施工企业自己主动对外接受的任务或是建设单位主动委托的任务;三是参加社会公开的投标后,中标而得到的任务。招投标方式是最具有竞争机制、较为公平合理的承接施工任务的方式,在我国已得到广泛普及。

　　无论以哪种方式承接施工项目,施工单位都必须同建设单位签订施工合同。签订了施工合同的施工项目,才算是落实的施工任务。当然,签订合同的施工项目,必须是经建设单位主管部门正式批准的,有计划任务书、初步设计和总概算,已列入年度基本建设计划,落实了投资的建筑工程,否则不能签订施工合同。

　　施工合同是建设单位与施工单位根据《中华人民共和国合同法》及有关规定而签订的具有法律效力的文件。双方必须严格履行合同,任何一方不履行合同,给对方造成损失的,都要负法律责任和进行赔偿。

　　(2)统筹安排,做好施工规划工作。施工企业与建设单位签订施工合同后,施工总承包单位在调查分析资料的基础上,拟订施工规划,编制施工组织总设计,部署施工力量,安排施工总进度,确定主要工程施工方案,规划整个施工现场,统筹安排,做好全面施工规划工作,经批准后,安排组织施工先遣人员进入现场,与建设单位密切配合,做好施工规划中确定的各项全局性施工准备工作,为建筑工程的全面正式开工创造条件。

　　(3)做好施工准备工作,提出开工报告。施工准备工作是建筑施工顺利进行的根本保证。施工准备工作主要有:技术准备、物资准备、劳动组织准备和施工现场准备。当一个施工项目进行了图纸会审,编制和批准了单位工程的施工组织设计、施工图预算和施工预算,组织好材料、半成品和构配件的生产和加工运输,组织好施工机具进场,搭设了临时建筑物,建立了现场管理机构,调遣施工队伍,拆迁原有建筑物,搞好"三通一平",进行了场区测量和建筑物定位放线等准备工作后,施工单位即可向主管部门提出开工报告,经审查批准后,可正式开工。

　　(4)组织全面施工,加强管理。组织拟建工程的全面施工是建筑施工全过程中最重要的阶段。它必须在开工报告批准后,才能开始。它是把设计者的意图、建设单位的期望变成现实的建筑产品的加工制作过程,必须严格按照设计图纸的要求,根据施工组织设计要求,精心组织施工,加强各项管理,完成全部的分部分项工程施工任务。这个过程决定了施工工期、产品的质量和成本以及建筑施工企业的经济效益。因此,在施工中要跟踪检查,进行进度、质量、成本和安全控制,保证达到预期的目的。施工过程中,往往需要多单位、多专业进行共同协作,故要加强现场指挥、调度,进行多方面的平衡和协调工作,在有限的场地上投入大量的材料、构配件、机具和人力,应进行全面统筹安排,组织均衡连续地施工。

　　(5)竣工验收,交付使用。竣工验收是对建筑项目的全面考核。建筑项目施工完成了设计文件所规定的内容可以组织竣工验收。在竣工验收前,施工单位内部应先进行预验收,检查各分项工程的施工质量,整理各项交工验收资料。在此基础上,由建设单位组织有关单位进行竣工验收,经验收合格后,办理工程移交证书,并交付生产使用。

1.3　建筑产品及生产的特点

1.建筑产品的特点

　　(1)建筑产品的固定性。一般的建筑产品均由自然地面以下的基础和自然地面以上的主体两部分组成(地下建筑全部在自然地面以下)。基础承受主体的全部荷载(包括基础的自重)并传给地基,同时将主体固定在地球上。建筑产品都是在选定的地点上建造和使用,与选定地点的土地不可分割,从建造开始直至拆除一般不能移动。所以,建筑产品的建造和使用地点在空间上是固定的。

(2)建筑产品的多样性。建筑产品不但要满足各种使用功能的要求,而且要体现出地区的民族风格、物质文明和精神文明,同时也受到地区的自然条件等诸多因素的限制,使建筑产品在规模、结构、构造、形式、基础和装饰等诸多方面变化纷繁,因此建筑产品的类型多样。

(3)建筑产品体形庞大。建筑产品无论是复杂还是简单,为了满足其使用功能,需要大量的物质资源,占据广阔的平面与空间,因而建筑产品的体形比较庞大。

2.建筑产品生产的特点

(1)建筑产品生产的流动性。建筑产品地点的固定性决定了产品生产的流动性。一般的工业产品都是在固定的工厂、车间内进行生产,而建筑产品的生产是在不同的地区,或同一地区的不同现场,或同一现场的不同单位工程,或同一单位工程的不同部位组织工人、机械围绕着同一建筑产品进行生产。因此,这使得建筑产品的生产在地区之间、现场之间和单位工程不同部位之间流动。

(2)建筑产品生产的单件性。建筑产品地点的固定性和类型的多样性决定了产品生产的单件性。一般的工业产品是在一定的时期里,在统一的工艺流程中进行批量生产,而具体的一个建筑产品应在国家或地区的统一规划内,根据其使用功能,在选定的地点上单独设计和单独施工。即使选用标准设计,采用通用构件或配件,也会由于建筑产品所在地区自然、技术、经济条件的不同,导致各建筑产品生产具有单件性。

(3)建筑产品生产具有地区性。建筑产品的固定性决定了同一使用功能的建筑产品会因其建造地点的不同必然受到建设地区的自然、技术、经济和社会条件的约束,使其在结构、构造、艺术形式、室内设施、材料、施工方案等方面均存在差异。因此,建筑产品的生产具有地区性。

(4)建筑产品生产周期长。建筑产品的固定性和体形庞大的特点决定了建筑产品生产周期长。建筑产品体形庞大,使得最终建筑产品的建成必然耗费大量的人力、物力和财力。同时,建筑产品的生产全过程还要受到工艺流程和生产程序的制约,使各专业、工种间必须按照合理的施工顺序进行配合和衔接。又由于建筑产品地点的固定性,使施工活动的空间具有局限性,从而导致建筑产品生产具有生产周期长的特点。

(5)建筑产品生产露天作业多。建筑产品地点的固定性和体形庞大的特点决定了其必须在露天生产。即使随着建筑技术的发展、工厂预制化水平的不断提高,建造体形庞大的建筑物,也可能在工厂车间内生产构件或配件,但仍须在露天现场装配后才可形成最终产品。

(6)建筑产品生产的高空作业多。随着城市现代化的发展,在土地资源日益紧张的社会环境下,体形庞大的建筑产品必将向高度上发展,因此形成了建筑产品生产高空作业多的特点。

(7)建筑产品生产组织协作具有综合复杂性。从上述建筑产品生产的特点可以看出,建筑产品生产的涉及面广。在建筑企业内部要涉及在不同时期、不同地点和不同产品上组织多专业、多工种的综合作业,而且要应用到工程力学、建筑结构、建筑构造、地基基础、水暖电、机械设备、建筑材料和施工技术、施工组织等学科的专业知识。在建筑企业外部,它涉及各个不同种类的专业施工企业,以及城市规划,征用土地,勘察设计,消防,环境保护,质量监督,科研试验,交通运输,银行财政,机具设备,物质材料,电、水、热、气的供应等社会各部门和各领域的复杂协作配合,从而使建筑产品生产的组织协作关系综合而复杂。

一、选择题

1.具有独立的施工条件,并能形成独立使用功能的建筑物及构筑物称为( )。

A.单项工程　　　　B.单位工程　　　　C.分部工程　　　　D.分项工程

2.建筑装饰装修工程属于( )。

A.单项工程　　　　B.单位工程　　　　C.分部工程　　　　D.分项工程

3.建筑产品的( )决定了施工生产的流动性。

A.庞大性　　　　B.固定性　　　　C.复杂性　　　　D.多样性

4.建筑产品的特点包括( )。

A.固定性　　　　B.流动性　　　　C.多样性　　　　D.综合性

E.单件性

5.一个建设项目,按其复杂程度,由( )组成。

A.工程项目　　　　B.单位工程　　　　C.分部工程　　　　D.分项工程

E.检验批

二、简答题

1.简述建筑施工程序。

2.简述建筑产品和建筑产品生产的特点。

列举题

查找资料列举案例说明建筑工程的施工程序。

项目2 流水施工横道图编制

项目目标

【知识目标】

1. 熟悉建筑施工组织方式,重点掌握流水施工的特点;
2. 掌握流水施工主要参数的表达;
3. 了解流水施工的应用,掌握常用的流水施工组织方式。

【技能目标】

1. 会准确划分施工过程和施工段;
2. 能够正确计算流水参数,具备编制流水施工横道图的能力。

【课时建议】

16～20 课时

2.1　流水施工基本概念

建筑工程本质上是建筑产品的生产过程,但不同于一般的工业产品制造,建筑工程施工过程复杂,受到工程特点、施工因素等条件制约。如何有效地将施工过程顺序、施工作业技术、施工场地、施工人员和机械等因素组织起来,以合理的施工形式完成这一过程,是我们要研究的问题。

2.1.1　组织施工的3种方式

目前,组织建筑工程施工常采用依次施工、平行施工、流水施工3种方式,现就3种方式的施工特点和效果做如下对比分析。

【案例实解】

现设有4栋同类型建筑的基础工程施工,每一栋的基础工程施工包括基槽挖土、混凝土垫层、砌毛石基础、基槽回填土4个施工过程,每个施工过程的施工天数分别为2天、1天、3天和1天,各工作队的人数分别为15人、10人、20人和10人。

① 依次施工。依次施工方式是将拟建工程项目中的每一个施工对象分解为若干个施工过程,按施工工艺顺序在完成一个施工对象后,按同样的要求继续下一个施工对象,以此类推,直至完成所有施工对象。这种方式的施工进度安排、劳动力需求曲线如图2.1、图2.2所示。

由图2.1、图2.2可以看出依次施工组织方式的特点:施工工期长;按施工段组织依次施工表明,各专业班组不能连续均衡地施工,产生窝工现象,同时工作面轮流闲置,不能连续使用;按施工过程组织依次施工表明,各专业班组能连续均衡地施工,但工作面使用不充分;单位时间内投入的劳动力、施工机具、材料等资源量较少,施工现场的组织、管理比较简单。

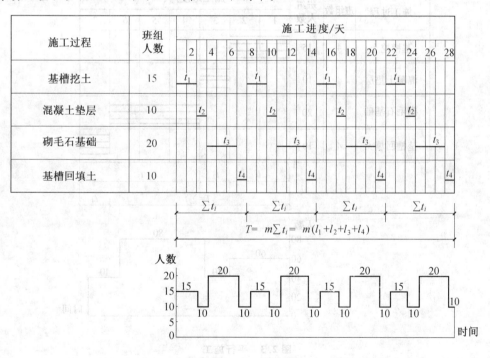

图 2.1　按栋(或施工段)组织依次施工

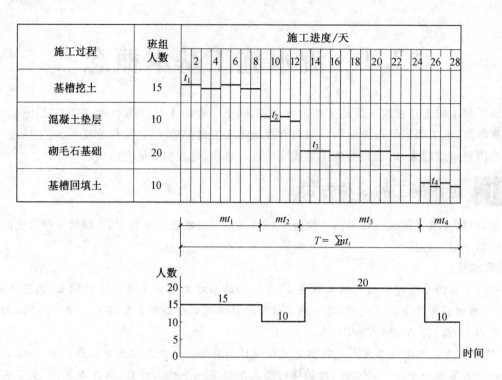

图 2.2 按施工过程组织依次施工

这种组织方式,适用于工作面小、规模小、工期要求不是很紧的工程。

② 平行施工。平行施工方式是指几个劳动组织相同的工作队,在同一施工过程同时开工、平行生产、同时完成的一种施工组织方式。这种方式的施工进度安排、总劳动力需求曲线如图 2.3 所示。

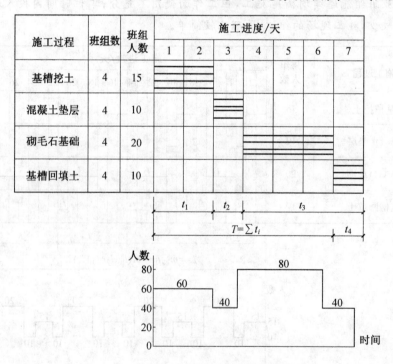

图 2.3 平行施工

由图 2.3 可以看出平行施工组织方式的特点:工期短,工作面能充分利用,单位时间内投入的劳动力、施工机具、材料等资源量成倍地增加,所以施工现场的组织、管理比较复杂。

这种组织方式,适用于工期要求紧的工程及大规模的建筑群的施工。

③ 流水施工。流水施工方式是将拟建工程项目中的每一个施工对象分解为若干个施工过程,并按照施工过程成立相应的专业工作队,各专业队按照施工顺序依次完成各个施工对象的施工过程,同时保证施工在时间和空间上连续、均衡和有节奏地进行,使相邻两个专业队能最大限度地搭接作业。这种方式的施工进度安排、劳动力需求曲线如图 2.4 所示。

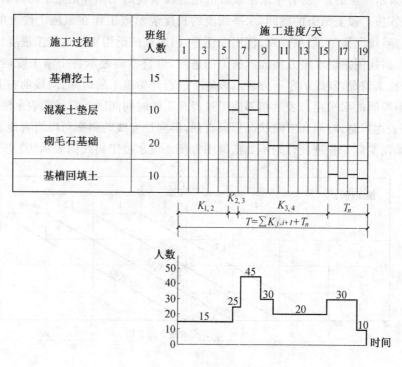

图 2.4　流水施工

从图 2.4 可以看出,流水施工组织方式的特点:流水施工组织方式吸收了依次施工和平行施工的优点,工期比较合理;专业班组均能连续施工,无窝工现象;前后施工过程尽可能平行搭接施工,比较充分地利用了施工工作面;单位时间内投入的劳动力、施工机具、材料等资源量比较均衡,便于施工现场管理。

2.1.2　流水施工的技术经济效果

流水施工在工艺划分、时间排列和空间布置上统筹安排,使劳动力得以合理利用,使施工连续而均衡地进行,同时也带来了较好的经济效益,具体表现在以下几点:

(1)便于改善劳动组织,改进操作方法和施工机具,有利于提高劳动生产率。

(2)专业化的生产可提高工人的技术水平,使工程质量相应提高。

(3)工人技术水平和劳动生产率的提高,可以减少用工量和施工临时设施建造量,降低工程成本,提高利润水平。

(4)可以保证施工机械和劳动力得到充分、合理的利用。

(5)由于流水施工的连续性,减少了专业工作队的间隔时间,达到了缩短工期的目的,可使施工项目尽早竣工,交付使用,发挥投资效益。

(6)由于工期短、效率高、用人少、资源消耗均衡,可以减少现场管理费和物资消耗,实现合理储存与供应,有利于提高项目经理部的综合经济效益。

2.1.3 流水施工的表达方式

流水施工的表达方式有3种:横道图、斜线图和网络图。

(1)横道图。流水施工的横道图表达形式如图2.4所示,其左边垂直方向列出各施工过程的名称,右边用水平线段表示施工的进度;各个水平线段的左边端点表示工作开始施工的瞬间,水平线段的右边端点表示工作在该施工段上结束的瞬间,水平线段的长度表示该工作在该施工段上的持续时间。横道图表示法的优点是:绘图简单、形象直观、使用方便等,因而被广泛用来表达施工进度计划。

(2)斜线图。斜线图是以水平方向表示施工的进度,垂直方向表示各个施工段,各条斜线分别表示各个施工过程的施工情况,斜线的左下方表示该施工过程开始施工的时间,斜线的右上方表示该施工过程结束的时间,斜线间的水平距离表示相邻施工过程开工的时间间隔。斜线图表示法的优点是:施工过程及其先后顺序表达清楚,时间和空间状况形象直观,斜向进度线的斜率可以直观地表示出各施工过程的进展速度,但编制实际工程进度计划不如横道图方便。流水施工斜线图表示法如图2.5所示。

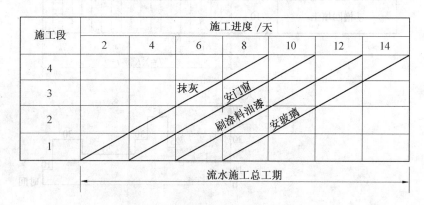

图2.5 流水施工斜线图表示法

(3)网络图。网络图的表达形式详见项目3。

2.1.4 流水施工的组织要点

(1)划分施工过程。首先根据工程特点和施工要求,将拟建工程划分为若干个分部工程;再按施工工艺要求、工程量大小及施工班组情况,将分部工程划分为若干个分项工程。

(2)划分施工段。根据组织流水施工的需要,将拟建工程尽可能地划分为劳动量大致相等的若干个部分即施工区段,也叫施工段。

(3)每个施工过程组织独立的施工班组。在一个流水分部中,每个施工过程尽可能组织独立的施工班组,使每个施工班组按施工顺序依次地、连续地、均衡地从一个施工段转移到另一个施工段进行相同的操作。

(4)主要施工过程必须连续、均衡地施工。主要施工过程是指工程量较大、作业时间较长的施工过程。对于主要施工过程必须连续、均衡地施工;对其他次要施工过程,可考虑与相邻的施工过程合并。如不能合并,为缩短工期,可安排间断施工。

(5)不同施工过程尽可能组织平行搭接施工。不同施工过程之间的关系,关键是工作时间上有搭接和工作空间上有搭接。在有工作面的条件下,除必要的技术和组织间歇时间外,应尽可能组织平行搭接施工。

2.2　流水施工的主要参数

为了准确、清楚地表达流水施工在时间和空间上的进展情况,一般采用一系列的参数来表达。这些参数主要包括工艺参数、空间参数和时间参数3种。

2.2.1　工艺参数

工艺参数是指用以表达流水施工在施工工艺上的开展顺序及其特征的参数。通常,工艺参数包括施工过程数和流水强度两种。

1. 施工过程数

施工过程数是指拟建工程在组织流水施工时所划分的施工过程数目,用符号 n 表示。在项目施工中,施工过程所包括范围可大可小,既可以是分部、分项工程,又可以是单位工程或单项工程。

施工过程划分的数目多少、粗细程度一般与下列因素有关:

(1)施工计划的性质和作用。对于长期计划的建筑群体以及规模大、工期长的跨年度的工程,其施工过程划分可以粗一些、综合性大一些。对中小型建筑工程及工期较短的工程,其施工过程划分可细些、具体些,一般划至分项工程。

(2)施工方案与工程结构。不同的施工方案和工程结构也会影响施工过程的划分。如工业厂房中柱基和设备基础挖土,如要同时施工,可合并为一个施工过程;如要先后施工,可分为两个施工过程。砖混结构、框架结构等不同的结构体系,施工过程的划分也各不相同。

(3)劳动组织的形式和劳动量大小。施工过程的划分与当地施工劳动班组及当地施工习惯有关。如安装玻璃、门窗油漆施工可合也可分。有的地区是单一班组,有的地区是混合班组。施工过程数目划分还与劳动量大小有关,劳动量小的施工过程,当组织流水施工有困难时,可与相邻的其他施工过程合并,如垫层劳动量较小时,可与挖土合并为一个施工过程。对混凝土工程,如劳动量较小时,可组织混合班组,按一个施工过程对待;而劳动量较大时,可分为支模板、绑扎钢筋等施工过程。

(4)劳动内容与范围。在组织现场流水施工时,直接在施工现场与工程对象上进行的劳动内容,由于占用施工时间,一般划入流水施工过程,如支模、绑扎钢筋、浇注混凝土等施工过程。而场外的劳动内容可以不划入流水施工过程,如预制加工、运输等。

2. 流水强度

流水强度是指某施工过程在单位时间内所完成的工程量,一般用 V_i 表示。

(1)机械施工过程的流水强度可用下式表示:

$$V_i = \sum_{i=1}^{x} R_i S_i \tag{2.1}$$

式中　V_i——投入施工过程 i 的某施工机械操作流水强度;

　　　R_i——投入施工过程 i 的某施工机械的台数;

　　　S_i——投入施工过程 i 的某施工机械的台班产量定额;

　　　x——投入施工过程 i 的某施工机械的种类。

(2)人工施工过程的流水强度可用下式表示:

$$V_i = R_i S_i \tag{2.2}$$

式中　V_i——投入施工过程 i 的人工操作流水强度;

R_i——投入施工过程 i 的工作队人数；

S_i——投入施工过程 i 的工作队的平均产量定额。

2.2.2 空间参数

空间参数是指在组织流水施工时，用于表达其在空间布置上所处状态的参数。空间参数包括工作面、施工段和施工层。

1. 工作面

工作面（用符号 A 表示）是某专业工种的施工人员或机械施工时所必须具备的活动空间。它是根据相应工种单位时间内的产量定额、工程操作规程和安全规程等内容要求确定的。工作面确定得合理与否，直接影响专业工作队的生产效率。

主要工种的工作面参考数据表见表 2.1。

表 2.1　主要工种工作面参考数据表

工作项目	每个技工的工作面	说明
砖基础	7.6 m/人	以 1.5 砖计，2 砖乘以 0.8，3 砖乘以 0.55
砌砖墙	8.5 m/人	以 1 砖计，1.5 砖乘以 0.71，2 砖乘以 0.57
毛石墙基	3 m/人	以 60 cm 计
毛石墙	3.3 m/人	以 40 cm 计
混凝土柱、墙基础	8 m³/人	机拌、机捣
混凝土设备基础	7 m³/人	机拌、机捣
现浇钢筋混凝土柱	2.45 m³/人	机拌、机捣
现浇钢筋混凝土梁	3.20 m³/人	机拌、机捣
现浇钢筋混凝土墙	5 m³/人	机拌、机捣
现浇钢筋混凝土楼板	5.3 m³/人	机拌、机捣
预制钢筋混凝土柱	3.6 m³/人	机拌、机捣
预制钢筋混凝土梁	3.6 m³/人	机拌、机捣
预制钢筋混凝土层架	2.7 m³/人	机拌、机捣
预制钢筋混凝土平板、空心板	1.91 m³/人	机拌、机捣
预制钢筋混凝土大型屋面板	2.62 m³/人	机拌、机捣
混凝土地坪及面层	40 m²/人	机拌、机捣
外墙抹灰	16 m²/人	
内墙抹灰	18.5 m²/人	
卷材屋面	18.5 m²/人	
防水水泥砂浆屋面	16 m²/人	
门窗安装	11 m²/人	

2. 施工段

在组织流水施工时，通常把所建工程项目在平面上划分成若干个劳动量大致相等的施工区域，这些施工区域称为施工段，施工段数用 m 表示。

划分施工段的目的是为了组织流水施工,保证不同的施工班组能在不同的施工段上同时进行施工,从而使各施工班组按照一定的时间间隔从一个施工段转到另一个施工段进行连续施工,这样既消除等待、停歇现象,又互不干扰,同时又缩短了工期。

划分施工段的基本要求:

(1)施工段的数目要合理。施工段数过多势必要减少工作面上的施工人数,工作面不能充分利用,拖长工期;施工段数过少则会引起劳动力、机械和材料供应的过分集中,有时还会造成"断流"的现象。

(2)以主导施工过程为依据。由于主导施工过程往往对工期起控制作用,因而划分施工段时应以主导施工过程为依据。如现浇钢筋混凝土框架主体工程施工,应首先考虑钢筋混凝土工程施工段的划分。

(3)要有利于结构的整体性。施工段的分界线应尽可能与结构界线(如沉降缝、伸缩缝等)相一致,或设在对建筑结构整体性影响小的部位。

(4)各施工段的劳动量(或工程量)要大致相等,其相差幅度不宜超过10%～15%。

(5)考虑工作面的要求。施工段的划分应保证专业班组或施工机械在各施工段上有足够的工作面,既要提高工效,又要保证施工安全。

(6)当组织流水施工对象有层间关系时,应使各队能够连续施工。即各施工过程的工作队做完第一段能立即转入第二段,做完第一层的最后一段能立即转入第二层的第一段。因此每层的施工段数目应大于或等于其施工过程数,即 $m \geq n$。

【案例实解】

某局部二层的现浇钢筋混凝土结构的建筑物,现浇结构的施工过程为支模板、绑扎钢筋和浇筑混凝土,即 $n=3$;各个施工过程在各施工段上的持续时间均为3天,施工段的划分有以下3种情况。

第1种情况:当 $m=n$,即 $m=3,n=3$ 时,其施工进度计划如图2.6所示。

施工层	施工过程名称	施工进度/天							
		3	6	9	12	15	18	21	24
Ⅰ	支模板	①	②	③					
	绑扎钢筋		①	②	③				
	浇筑混凝土			①	②	③			
Ⅱ	支模板				①	②	③		
	绑扎钢筋					①	②	③	
	浇筑混凝土						①	②	③

图2.6　$m=n$ 时流水施工进度计划

由图2.6可知,当 $m=n$ 时,各专业班组能连续施工,施工段上始终有施工专业班组,工作面能充分利用,无停歇现象,也不会产生工人窝工现象,这种情况比较理想。

第2种情况:当 $m>n$,即 $m>3,n=3$ 时,取 $m=4$,其施工进度计划如图2.7所示。

施工层	施工过程名称	施工进度/天									
		3	6	9	12	15	18	21	24	27	30
I	支模板	①	②	③	④						
	绑扎钢筋		①	②	③	④					
	浇筑混凝土			①	②	③	④				
II	支模板					①	②	③	④		
	绑扎钢筋						①	②	③	④	
	浇筑混凝土							①	②	③	④

图 2.7 $m>n$ 时流水施工进度计划

由图 2.7 可知,当 $m>n$ 时,各专业班组仍能连续作业,但第一层浇筑完混凝土后,不能立刻投入上一层的支模板工作,即施工段出现了空闲,工作面未被充分利用,从而使工期延长。但工作面的停歇并不一定有害,有时还是必要的,如可以利用停歇的时间进行养护、备料及做一些准备工作。

第 3 种情况:当 $m<n$,即 $m<3$,$n=3$ 时,取 $m=2$,其施工进度计划如图 2.8 所示。

施工层	施工过程名称	施工进度/天						
		3	6	9	12	15	18	21
I	模板	①	②					
	绑扎钢筋		①	②				
	浇筑混凝土			①	②			
II	支模板				①	②		
	绑扎钢筋					①	②	
	浇筑混凝土						①	②

图 2.8 $m<n$ 时流水施工进度计划

由图 2.8 可知,尽管施工段上未出现停歇,工作面使用充分,但各专业班组不能连续施工,出现轮流窝工现象。因此,对于一个建筑物这种流水施工是不适宜的,但可以用来组织建筑群的流水施工。

从上面 3 种情况可以看出，施工段的多少直接影响工期的长短，而且要想保证专业工作队能够连续施工，必须 $m \geqslant n$。

3. 施工层

在组织流水施工时，为了满足专业工种对操作高度和施工工艺的要求，将拟建工程项目在竖向上分为若干个操作层，这些操作层称为施工层，一般用符号 r 表示。

2.2.3　时间参数

时间参数是流水施工中反映施工过程在时间排列上所处状态的参数，一般分为流水节拍、流水步距、间歇时间、平行搭接时间、流水施工工期等。

1. 流水节拍

流水节拍是指从事某一施工过程的施工班组在一个施工段上完成施工任务所需的时间，用符号 t_i（$i=1,2,3,\cdots$）表示。

（1）流水节拍的确定。流水节拍是流水施工的主要参数之一，它表明流水施工的速度和节奏性。流水节拍小，其流水速度快，节奏感强；反之则相反。流水节拍决定着单位时间的资源供应量，同时，流水节拍也是区别流水施工组织方式的特征参数。因此，合理确定流水节拍，具有重要意义。通常有 3 种确定方法：定额计算法、经验估算法和工期计算法。

①定额计算法。这是根据各施工段的工程量和现有能够投入的资源量（劳动力、机械台数和材料数量等）进行确定的方法。计算公式为

$$t_i = \frac{Q_i}{S_i \cdot R_i \cdot N_i} = \frac{P_i}{R_i \cdot N_i} \tag{2.3}$$

或

$$t_i = \frac{Q_i \cdot H_i}{R_i \cdot N_i} = \frac{P_i}{R_i \cdot N_i} \tag{2.4}$$

式中　t_i——某专业班组在第 i 施工段的流水节拍；

Q_i——某专业班组在第 i 施工段要完成的工程量；

S_i——某专业班组的计划产量定额；

H_i——某专业班组的计划时间定额；

R_i——某专业班组投入的工作人数或机械台数；

N_i——某专业班组的工作班次；

P_i——某专业班组在第 i 施工段需要的劳动量或机械台班数量，由下式确定：

$$P_i = \frac{Q_i}{S_i} = Q_i \cdot H_i \tag{2.5}$$

②经验估算法。它是根据以往的施工经验进行估算。一般为了提高其准确程度，往往先估算出该流水节拍的最长、最短和正常（即最可能）3 种时间，然后据此求出期望时间作为某专业工作队在某施工段上的流水节拍。因此，本法也称为 3 种时间估算法。一般按下式进行计算：

$$t_i = \frac{a + 4c + b}{6} \tag{2.6}$$

式中　t_i——某施工过程在第 i 施工段上的流水节拍；

a——某施工过程在第 i 施工段上的最短估算时间；

b——某施工过程在第 i 施工段上的最长估算时间；

c——某施工过程在第 i 施工段上的正常估算时间。

③工期计算法。对某些施工任务在规定日期内必须完成的工程项目,往往采用倒排进度法计算流水节拍,具体步骤如下:

第一步:根据工期倒排进度,确定某施工过程的工作持续时间。

第二步:确定某施工过程在某施工段上的流水节拍。若同一施工过程的流水节拍不等,则用估算法;若流水节拍相等,则按下式进行计算:

$$t = \frac{T}{m} \tag{2.7}$$

式中　t——流水节拍;

T——某施工过程的工作持续时间;

m——某施工过程划分的施工段数。

若流水节拍根据工期要求来确定时,必须检查劳动力和机械供应的可能性,物资供应能否相适应。

(2)确定流水节拍应考虑的因素。确定流水节拍时,如果有工期要求,要以满足工期要求为原则,同时要考虑各种资源的供应情况、最少劳动力组合和工作面的大小、施工及计算条件的要求等。节拍值一般取整数,必要时可保留0.5天(台班)的小数值。

2.流水步距

流水步距是指相邻两个专业班组相继进入同一施工段开始施工的时间间隔,通常用$K_{i,i+1}$表示。

流水步距的大小,对工期有很大的影响。一般来说,在流水段不变的条件下,流水步距越大,工期越长;流水步距越小,工期越短。

流水步距的数目取决于参与流水的施工过程数,施工过程(或班组)数为n,则流水步距的数目为$(n-1)$个。

确定流水步距应根据以下原则:

(1)流水步距要满足相邻两个专业工作队在施工顺序上的相互制约关系。

(2)流水步距要保证各专业工作队都能连续作业。

(3)流水步距要保证相邻两个专业工作队在开工时间上最大限度地、合理地搭接。

(4)流水步距的确定要保证工程质量,满足安全生产。

确定流水步距的方法很多,简捷、实用的方法主要有图上分析计算法(公式法)和累加数列法(潘特考夫斯基法)。流水步距确定见流水施工的组织方式。

3.间歇时间

在流水施工中,由于工艺或组织的原因,施工过程之间必须存在的时间间隔,称为间歇时间。用t_j表示。

(1)技术间歇时间。技术间歇时间是指由于施工工艺或质量保证的要求,在相邻两个施工过程之间必须留有的时间间隔。如混凝土浇捣后的养护时间、砂浆抹面和油漆面的干燥时间等。

(2)组织间歇时间。组织间歇时间是指由于施工组织方面的需要,在相邻两个施工过程之间留有的时间间隔。如墙体砌筑前的墙身位置弹线所需的时间,施工人员、机械转移所需的时间,回填土前地下管道检查验收的时间等。

4.平行搭接时间

在组织流水施工时,有时为了缩短工期,在工作面允许的条件下,如果前一个专业工作队完成部分施工任务后,能够提前为后一个专业工作队提供工作面,使后者提前进入前一个施工段,两者在同一施工段上平行搭接施工,这个搭接的时间称为平行搭接时间。搭接时间用t_d表示。

5. 流水施工工期

流水施工工期是指完成一项工程任务或一个流水组施工所需的时间。施工工期用 T 表示,一般可用下式计算:

$$T = \sum K_{i,i+1} + T_n \tag{2.8}$$

式中　$\sum K_{i,i+1}$—— 流水施工中各施工过程之间的流水步距之和;

　　　T_n—— 流水施工中最后一个施工过程的持续时间。

2.3　流水施工的组织方式

流水施工的节奏是由节拍所决定的,由于建筑工程的多样性和各分部工程的工程量的差异性,各施工过程的流水节拍不一定相等,有的甚至同一施工过程本身在不同的施工段上流水节拍也不相同,这样就形成了不同节奏特征的流水施工。

流水施工根据节奏特征的不同,可分为有节奏流水施工和无节奏流水施工两大类。

2.3.1　有节奏流水施工

有节奏流水施工是指同一施工过程在各施工段上的流水节奏都相等的一种流水施工方式。有节奏流水施工又根据不同施工过程之间的流水节拍是否相等,分为等节奏流水施工和异节奏流水施工两种类型。

1. 等节奏流水施工

等节奏流水施工是指同一施工过程在各施工段上的流水节拍都相等,并且不同施工过程之间的流水节拍也相等的一种流水施工方式。即各施工过程的流水节拍均为常数,故也称为全等节拍流水施工或固定节拍流水施工。

(1)等节奏流水施工的特征。各施工过程的流水彼此相等;施工过程的专业班组数等于施工过程数;流水步距(不包含间歇时间和搭接时间)彼此相等,而且等于流水节拍值;各专业工作队在各施工段上能够连续作业,施工段之间没有空闲时间。

(2)主要流水参数的确定。施工段数(m)的确定:无层间关系时,宜 $m=n$;若有层间关系,为了保证各施工班组连续施工,应取 $m \geqslant n, m$ 可按下式计算:

间歇时间相等时

$$m = n + \frac{\sum t_{j1}}{k} + \frac{t_{j2}}{k} \tag{2.9}$$

间歇时间不等时

$$m = n + \frac{\max \sum t_{j1}}{k} + \frac{\max t_{j2}}{k} \tag{2.10}$$

式中　m—— 施工段数;

　　　n—— 施工过程数;

　　　k—— 流水步距;

　　　t_{j1}—— 一个楼层内间歇时间;

　　　t_{j2}—— 楼层间间歇时间。

流水步距的确定,可按下式计算:

$$K_{i,i+1} = t + t_j - t_d \tag{2.11}$$

流水施工工期可按下式计算:

不分施工层时

$$T = (m+n-1)t + \sum t_j - \sum t_d \tag{2.12}$$

式中　　$\sum t_j$ ——所有的间歇时间之和;

　　　　$\sum t_d$ ——所有的搭接时间之和。

分施工层时

$$T = (m \cdot r + n - 1)t + \sum t_j - \sum t_d \tag{2.13}$$

式中　　r ——施工层数。

其他符号含义同前。

(3)等节奏流水施工的组织要点。首先划分施工过程,将劳动量小的施工过程合并到相邻的施工过程中去,以使各流水节拍相等;其次确定主要施工过程的施工班组人数,计算其流水节拍;最后根据已定的流水节拍,确定其他施工过程的班组人数及其组成。

(4)适用条件。等节奏流水是一种比较理想的流水施工方式,它能保证各专业施工班组连续均衡地施工,能保证工作面充分利用,但是,在实际工程中,要使某分部工程的各个施工过程都采用相同的流水节拍,组织时困难较大。因此,等节奏流水的组织方式仅适用于工程规模较小、施工过程数目不多的某些分部工程的流水。

【案例实解】

某工程划分为 A、B、C、D 4 个施工过程,每个施工过程分为 4 个施工段,流水节拍均为 3 天,试对该工程组织流水施工。

【解】

①确定流水步距:

$$K_{A,B} = K_{B,C} = t = 3 \text{ 天}$$

②计算流水施工工期:

$$T = (m+n-1)t = [(4+4-1) \times 3] \text{天} = 21 \text{ 天}$$

③用横道图绘制流水施工进度计划,如图 2.9 所示。

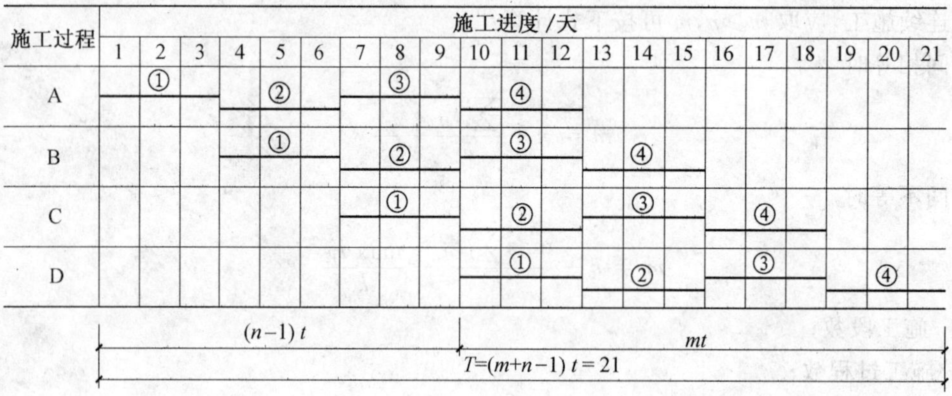

图 2.9　等节奏流水施工进度计划

2.异节奏流水施工

异节奏流水施工是指同一施工过程在各施工段上的流水节奏都相等,不同施工过程之间的流水节奏不一定相等的一种流水施工方式。异节奏流水施工又分为异步距异节拍流水施工和等步距异节拍流水施工两种。

(1)异步距异节拍流水施工。异步距异节拍流水施工是指同一施工过程在各个施工段的流水节拍相等,不同施工过程之间的流水节拍不完全相等的流水施工方式,简称异节拍流水施工。

异步距异节拍流水施工的特征:同一施工过程流水节拍相等,不同施工过程之间的流水节拍不完全相等;各施工过程之间的流水步距不完全相等;各施工班组能够在施工段上连续作业,但有的施工段之间可能有空闲;施工班组数等于施工过程数。

异步距异节拍流水施工主要参数的确定:主要确定流水步距和流水施工工期。

流水步距的确定,可用"累加数列,错位相减,取大差法"求得,也可用下式求得:

$$K_{i,i+1} = \begin{cases} t_i + t_j - t_d, t_i \leqslant t_{i+1} \\ mt_i - (m-1)t_{i+1} + t_j - t_d, t_i > t_{i+1} \end{cases} \tag{2.14}$$

式中　t_i——第 i 个施工过程的流水节拍;

　　　t_{i+1}——第 $i+1$ 个施工过程的流水节拍。

流水施工工期计算,可按下式计算:

$$T = \sum K_{i,i+1} + mt_n \tag{2.15}$$

式中　t_n——最后一个施工过程的流水节拍。

异步距异节拍流水施工组织要点:对于主导施工过程的施工班组在各施工段上应连续施工,允许有些施工段出现空闲,或有些班组间断施工,但不允许多个施工班组在同一施工段上交叉作业,更不允许发生工艺颠倒的现象。

适用范围:异步距异节拍流水施工适用于施工段大小相等或相近的分部和单位工程的流水施工,它在进度安排上比较灵活,应用范围较广。

【案例实解】

某工程划分为 A、B、C、D 4 个施工过程,分为 4 个施工段,各施工过程的流水节拍分别为:$t_A=3$ 天、$t_B=2$ 天、$t_C=4$ 天、$t_D=2$ 天,B 施工过程完成后需有 1 天的技术间歇时间,试对该工程组织流水施工。

【解】

①确定流水步距,按式(2.14)得:

因 $t_A > t_B$,故

$$K_{A,B} = mt_A - (m-1)t_B = [4×3 - (4-1)×2]\text{天} = 6 \text{ 天}$$

因 $t_B < t_C$,故

$$K_{B,C} = t_B + t_j = (2+1) \text{ 天} = 3 \text{ 天}$$

因 $t_C > t_D$,故

$$K_{C,D} = mt_C - (m-1)t_D = [4×4 - (4-1)×2]\text{天} = 10 \text{ 天}$$

②计算流水施工工期。

$$T = \sum K_{i,i+1} + mt_n = [(6+3+10) + (4×2)] \text{ 天} = 27 \text{ 天}$$

③用横道图绘制流水施工进度计划,如图 2.10 所示。

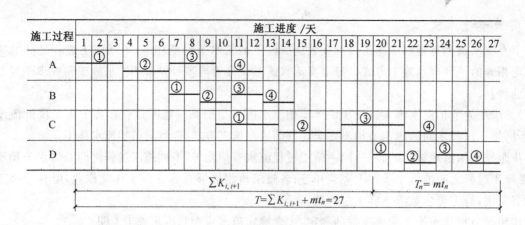

图 2.10 异步距异节拍流水施工进度计划

(2)等步距异节拍流水施工。等步距异节拍流水施工也称成倍节拍流水施工,是指同一施工过程在各施工段上的流水节拍都相等,不同施工过程之间的流水节拍不完全相等,但各施工过程的流水节拍均为最小流水节拍的整数倍(或流水节拍之间存在一个最大公约数)关系的流水施工方式。

成倍节拍流水施工的特征:同一施工过程的流水节拍相等,不同施工过程之间的流水节拍不完全相等,各施工过程的流水节拍均为最小流水节拍的整数倍;各专业班组之间的流水步距彼此相等,且等于最小流水节拍;各专业班组都能够保证连续施工,施工段没有空闲;专业班组队数大于施工过程数。

技 术 点 睛

各施工过程的各个施工段如果要求有间歇时间或搭接时间,流水步距应相应减去或加上,流水步距是指任意两个相邻施工班组开始投入施工的时间间隔,这里的"相邻施工班组"并不一定是指从事不同施工过程的施工班组。因此,步距的数目并不是根据施工过程数目来确定,而是根据班组数之和来确定。

成倍节拍流水施工主要参数的确定:主要确定流水步距、施工班组数、施工段数、流水施工工期等。

流水步距的确定,可按下式计算:

$$K_b = t_{\min} \tag{2.16}$$

式中　K_b——各专业施工班组之间的流水节拍;

　　　$t_{\min}$——所有流水节拍中最小的流水节拍。

专业施工班组数可按下式计算:

$$K_b = t_{\min} b_i = \frac{t_i}{t_{\min}} \tag{2.17}$$

$$n_1 = b_i \tag{2.18}$$

式中　b_i——某施工过程所需专业班组数;

　　　t_i——某施工过程流水节拍;

　　　n_1——专业班组总数目。

施工段数(m)的确定:无层间关系时,宜 $m = n_1$;若有层间关系,为了保证各施工班组连续施工,应取 $m \geqslant n_1$,m 可按下式计算:

间歇时间相等时

$$m = n_1 + \frac{\sum t_{j1}}{K_b} + \frac{t_{j2}}{K_b} \tag{2.19}$$

间歇时间不等时

$$m = n_1 + \frac{\max \sum t_{j1}}{K_b} + \frac{\max t_{j2}}{K_b} \qquad (2.20)$$

式中　t_{j1}——一个楼层内间歇时间；

　　　t_{j2}——楼层间间歇时间。

其他符号含义同前。

流水施工工期可按下式计算：

不分施工层时

$$T = (m + n_1 - 1)t_{\min} + \sum t_j - \sum t_d \qquad (2.21)$$

分施工层时

$$T = (m \cdot r + n_1 - 1)t_{\min} + \sum t_j - \sum t_d \qquad (2.22)$$

式中　r——施工层数。

其他符号含义同前。

成倍节拍流水施工的组织要点：首先根据工程对象和施工要求，将工程划分为若干个施工过程；其次根据预算出的工程量，计算每个过程的劳动量，再根据最小劳动量的施工过程班组人数确定出最小流水节拍；然后确定其他各过程的流水节拍，通过调整班组人数，使各过程的流水节拍均为最小流水节拍的整数倍。

适用范围：成倍节拍流水施工方式在管道、线性工程中使用较多，在建筑工程中，也可根据实际情况选用此方式。

技 术 点 睛

如果施工中无法按照成倍节拍特征相应增加班组数，每个施工过程都只有一个施工班组，即使具备成倍节拍流水特征的工程，也只能按照不等节拍流水组织施工。同样一个工程，如果组织成倍节拍流水，则工作面充分利用，工期较短；如果组织一般流水，则工作面没有充分利用，工期长。因此，在实际工程中，应视具体情况分别选用。

【案例实解】

某分部有 A、B、C 3 个施工过程，$m = 6$，流水节拍分别为：$t_A = 2$ 天，$t_B = 6$ 天，$t_C = 4$ 天，试组织成倍节拍流水施工。

【解】

① 确定流水步距。

$$K_b = t_{\min} = \min\{2, 6, 4\} = 2 \text{ 天}$$

② 确定专业工作队数。

$$b_A = \frac{t}{t_{\min}} = \left(\frac{2}{2}\right) \text{个} = 1 \text{ 个}$$

$$b_B = \frac{t}{t_{\min}} = \left(\frac{6}{2}\right) \text{个} = 3 \text{ 个}$$

$$b_C = \frac{t}{t_{\min}} = \left(\frac{4}{2}\right) \text{个} = 2 \text{ 个}$$

$$n_1 = \sum b_i = (1 + 3 + 2) \text{个} = 6 \text{ 个}$$

③计算流水施工工期。

$$T = (m + n_1 - 1)t_{min} = [(6 + 6 - 1) \times 2]天 = 22 天$$

④用横道图绘制流水施工进度计划。

成倍节拍流水施工进度计划如图 2.11 所示。

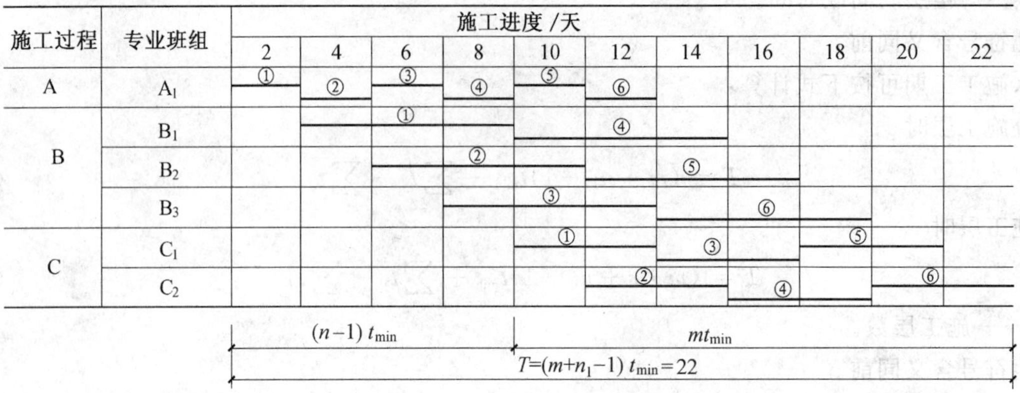

施工过程	专业班组	施工进度/天										
		2	4	6	8	10	12	14	16	18	20	22
A	A_1	①	②	③	④	⑤	⑥					
B	B_1			①			④					
	B_2				②			⑤				
	B_3					③			⑥			
C	C_1						①		③		⑤	
	C_2							②		④		⑥

$(n-1)t_{min}$　　　　　mt_{min}

$T = (m+n_1-1)t_{min} = 22$

图 2.11　成倍节拍流水施工进度计划

2.3.2　无节奏流水施工

无节奏流水施工是指同一施工过程在各施工段上的流水节奏不完全相等的一种流水施工方式。在实际工程中,无节奏流水施工是常见的一种流水施工方式。

1. 无节奏流水施工的主要特征

各施工过程在各施工段上的流水节拍不尽相等;各施工过程的施工速度也不尽相等。因此,两相邻施工过程的流水步距也不尽相等;专业班组能连续施工,但施工段可能空闲;专业班组数等于施工过程数。

2. 无节奏流水施工主要施工参数确定

在无节奏流水施工中,通常采用累加数列错位相减取大差法计算流水步距。由于这种方法是潘特考夫斯基首先提出的,故又称为潘特考夫斯基法。

累加数列错位相减取大差法的基本步骤如下。

第一步:将每个施工过程的流水节拍逐段累加。

第二步:错位相减,即从前一个专业工作队由加入流水起到完成该段工作止的持续时间和减去后一个专业工作队由加入流水起到完成前一个施工段工作止的持续时间和(即相邻斜减),得到一组差数。

第三步:取上一步斜减差数中的最大值作为流水步距。

流水施工工期计算(不分施工层时),可按下式计算:

$$T = \sum K_{i,i+1} + \sum t_n \tag{2.23}$$

式中　$\sum t_n$——最后一个施工过程(或专业班组)在各施工段流水节拍之和。

3. 无节奏流水施工的组织要点

合理确定相邻施工过程之间的流水步距,保证各施工过程的工艺顺序合理,在时间上最大限度地搭接,并使施工班组尽可能在各施工段上连续施工。

4.适用范围

当各施工段的工程量不等,各施工班组生产效率各有差异,并且不可能组织全等节奏流水或成倍节奏流水时,就可以组织无节奏流水。无节奏流水是实际工程中常见的一种组织流水的方式,它不像有节奏流水那样有一定的时间规律约束,在进度安排上比较灵活、自由,因此,该方法在实际中的应用较为广泛。

【案例实解】

某分部工程流水节拍见表2.2,试计算流水步距和工期。

表 2.2　某分部工程流水节拍

施工段 施工过程	1	2	3	4
A	3	2	4	2
B	2	3	2	3
C	2	2	3	3
D	1	4	3	1

【解】

①确定流水步距。

$K_{A,B}$

$$
\begin{array}{r}
3\quad 5\quad 9\quad 11\\
-)\quad 2\quad 5\quad 7\quad 10\\
\hline
3\quad 3\quad 4\quad 4\quad -10
\end{array}
$$

$$K_{A,B}=\max\{3,3,4,4,-10\}=4\ \text{天}$$

$K_{B,C}$

$$
\begin{array}{r}
2\quad 5\quad 7\quad 10\\
-)\quad 2\quad 4\quad 7\quad 10\\
\hline
2\quad 3\quad 3\quad 3\quad -10
\end{array}
$$

$$K_{B,C}=\max\{2,3,3,3,-10\}=3\ \text{天}$$

$K_{C,D}$

$$
\begin{array}{r}
2\quad 4\quad 7\quad 10\\
-)\quad 1\quad 5\quad 8\quad 9\\
\hline
2\quad 3\quad 2\quad 2\quad -9
\end{array}
$$

$$K_{C,D}=\max\{2,3,2,2,-9\}=3\ \text{天}$$

②计算流水施工工期。

$$T=\sum K_{i,i+1}+\sum t_n=[(4+3+3)+(1+4+3+1)]\ \text{天}=19\ \text{天}$$

③用横道图绘制施工进度计划。

用横道图绘制施工进度计划,如图2.12所示。

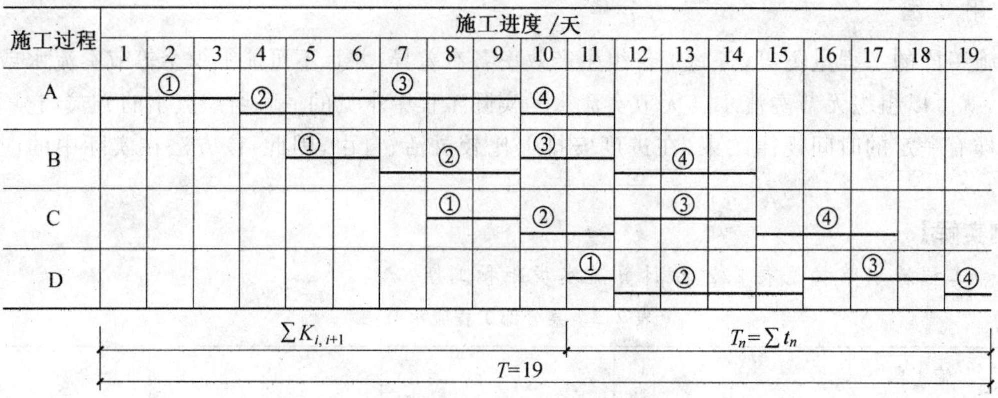

施工过程	施工进度 /天																		
	1	2	3	4	5	6	7	8	9	10	11	12	13	14	15	16	17	18	19
A		①		②			③			④									
B					①			②		③			④						
C								①		②			③			④			
D											①		②				③		④

$\sum K_{i,i+1}$ $T_n = \sum t_n$

$T = 19$

图 2.12 无节奏流水施工进度计划

在上述各种流水施工的基本方式中,等节奏流水和成倍节拍流水通常在一个分部或分项工程中,组织流水施工比较容易做到。但对于一个单位工程,特别是一个大型的建筑群来说,要求所划分的分部、分项工程采用相同的流水参数组织流水施工,往往十分困难。这时,常采用分别流水法组织施工,以便能较好地适应建筑工程施工要求(见本项目 2.4)。

对于一般城市中的住宅小区等由同类型房屋所组成的建筑群,采用流水施工方式组织施工,往往可以取得显著效果。

【案例实解】

对于由同类房屋组成的建筑群,按照群体流水施工方式组织施工,即把每一幢房屋视作一个施工段,按成倍节拍流水方式施工。具体步骤如下:

(1)首先以一幢房屋作为研究对象,编排出一个初始进度方案。

(2)从初始进度方案内各施工过程的持续时间中,选一个适当的数值作为流水步距 K。然后据此修改初始进度方案,使新进度方案中各施工过程的持续时间为选定流水步距的整数倍。

(3)确定在工期已定的情况下,每组大流水中所包括的房屋幢数,按下式计算:

$$N_0 = \frac{T - T_0}{K} + 1 \tag{2.24}$$

式中 N_0 ——一组大流水中所包括的房屋幢数;

         T ——完成全部建筑群施工所规定的总工期;

         T_0 ——修改后的一幢房屋的施工工期。

(4)确定在规定工期的情况下,建筑群需要组织大流水的组数(各大流水组是平行施工)按下式计算:

$$a = \frac{N}{N_0} \tag{2.25}$$

式中 a ——组织大流水的组数(取整数,余数作为调剂工程);

         N ——建筑群的房屋幢数。

(5)确定各施工过程的施工班组数,按下式计算:

$$b_i = \frac{t_i}{K} \tag{2.26}$$

式中 b_i ——第 i 个施工过程在一组大流水中所需的施工班组数;

         t_i ——第 i 个施工过程在一幢房屋的施工持续时间;

         K ——流水步距。

(6)绘制一组大流水施工进度表和总进度计划表。

2.4 流水施工应用

某工程为 4 层中学教学楼,建筑面积为 4 019 m²,基础为钢筋混凝土独立基础;主体工程为全现浇框架结构。装修工程为铝合金窗,胶合板门,外墙保温,贴面砖;内墙为中级抹灰,刷乳胶漆;楼板底采用乳胶漆粉刷,楼地面贴地板砖。屋面保温材料选用加气混凝土块,防水层选用 SBS 改性沥青防水卷材。某分部工程流水节拍见表 2.3。

表 2.3 某分部工程流水节拍

序号	分项工程名称	劳动量/工日或台班
一	基础工程	
1	机械开挖基础土方	6 台班
2	混凝土垫层	45
3	绑扎基础钢筋	72
4	基础模板	62
5	基础混凝土	68
6	回填土	100
二	主体工程	
7	脚手架	315
8	柱筋	140
9	柱、梁、板模板	2 360
10	柱混凝土	217
11	梁板筋	816
12	梁、板混凝土	932
13	拆模	400
14	砌墙	753
三	屋面工程	
15	加气混凝土保温隔热	240
16	屋面找平层	64
17	屋面防水层	59
四	装饰工程	
18	外墙保温	383
19	外墙面砖	985
20	楼地面	965
21	顶棚墙面抹灰	1 420
22	门窗框安装	189

续表 2.3

序号	分项工程名称	劳动量(工日或台班)
23	门窗扇安装	197
24	油漆涂料	474
25	室外	75
26	其他	
五	水、电等安装	

本工程由基础、主体、屋面、装饰、水暖电安装等分部工程组成。由于分部工程的劳动量差异较大,因此先分别组织各分部工程的流水施工,然后再考虑各分部之间的相互搭接施工。具体组织方法如下:

(1)基础工程。基础工程包括土方开挖、混凝土垫层、绑扎基础钢筋、支设基础模板、浇筑基础混凝土、回填土等施工过程。土方开挖采用机械开挖,考虑到土方开挖后要进行验槽,不纳入流水。混凝土垫层劳动量较小,为了不影响其他过程的流水施工,将其安排在挖土施工过程完成后,也不纳入流水施工。对其他施工过程,分两个施工段组织异节拍流水施工。

机械挖土方为 6 个台班,采用一台机械两班制施工,施工持续时间为

$$t_{挖土方} = \left(\frac{6}{2}\right)天 = 3\ 天$$

混凝土垫层劳动量为 45 个工日,一班制施工,施工班组人数安排 16 人,其持续时间为

$$t_{垫层} = \left(\frac{45}{16}\right)天 \approx 2.8\ 天,取 3\ 天$$

基础绑扎钢筋劳动量为 72 个工日,施工班组为 20 人,采用一班组施工,其流水节拍为

$$t_{柱筋} = \left(\frac{72}{2 \times 20 \times 1}\right)天 \approx 1.8\ 天,取 2\ 天$$

基础支模劳动量为 62 个工日,施工班组为 16 人,采用一班组施工,其流水节拍为

$$t_{模板} = \left(\frac{62}{2 \times 16 \times 1}\right)天 \approx 1.94\ 天,取 2\ 天$$

浇筑混凝土劳动量为 68 个工日,施工班组为 35 人,采用一班组施工,其流水节拍为

$$t_{混凝土} = \left(\frac{68}{2 \times 35 \times 1}\right)天 \approx 0.97\ 天,取 1\ 天$$

回填土劳动量为 100 个工日,施工班组为 25 人,采用一班组施工,其流水节拍为

$$t_{回填土} = \left(\frac{100}{2 \times 25 \times 1}\right)天 = 2\ 天$$

则基础工程的工期为

$$T = t_{挖土方} + t_{垫层} + (K_{柱筋,模板} + K_{模板,混凝土} + K_{混凝土,回填土} + T_{回填土}) =$$
$$[3 + 3 + (2 + 3 + 1 + 4)]天 = 16\ 天$$

(2)主体工程。基础工程完成后,进行验收和主体放线,开始进行主体施工,主体工程包括搭脚手架,绑扎钢筋,安装柱、梁、板模板,柱混凝土浇筑,梁、板、楼梯钢筋绑扎,梁、板、楼梯混凝土浇筑,拆模板,砌围护墙等施工过程,其中搭脚手架、拆模板两个施工过程随着施工进度而穿插进行。主体工程由于有层间关系,要保证施工过程流水施工,必须使 $m \geq n$,否则,施工班组合会出现窝工现象。本工程中平面上划分为两个施工段,主导施工过程是柱、梁、板模板安装,要组织主体工程流水施工,就要保证主

导施工过程连续作业。为此,将其他次要施工过程总和为一个施工过程来考虑其流水节拍,且其流水节拍值不得大于主导施工过程的流水节拍,以保证主导施工过程的连续性。因此,主体工程参与流水施工过程数 $n=2$ 个,满足 $m=n$ 的要求。具体组织如下:

柱钢筋劳动量为 140 个工日,施工班组人数为 18 人,一班制施工,则其流水节拍为

$$t_{柱筋}=\left(\frac{140}{8\times18\times1}\right)天=1\ 天$$

柱、梁、板模板劳动量为 2 360 个工日,施工班组人数为 25 人,二班制施工,则其流水节拍为

$$t_{柱、梁、板模板}=\left(\frac{2\ 360}{8\times25\times2}\right)天\approx5.9\ 天,取\ 6\ 天$$

柱混凝土劳动量为 217 个工日,施工班组人数为 15 人,二班制施工,则其流水节拍为

$$t_{柱混凝土}=\left(\frac{217}{8\times15\times2}\right)天\approx0.9\ 天,取\ 1\ 天$$

梁、板钢筋劳动量为 816 个工日,施工班组人数为 25 人,二班制施工,则其流水节拍为

$$t_{梁、板钢筋}=\left(\frac{816}{8\times25\times2}\right)天\approx2.04\ 天,取\ 2\ 天$$

梁、板混凝土劳动量为 932 个工日,施工班组人数为 20 人,三班制施工,则其流水节拍为

$$t_{梁、板混凝土}=\left(\frac{932}{8\times20\times3}\right)天\approx1.94\ 天,取\ 2\ 天$$

主体工程完成后进行围护墙的砌筑,此施工过程不参与流水。其劳动量为 753 个工日,一班制施工,施工班组人数安排 40 人,其施工持续时间为

$$t_{砌墙}=\left(\frac{753}{40\times1}\right)天\approx18.8\ 天,取\ 19\ 天$$

由于处于流水的施工过程中,主导施工工程的流水节拍与其他区过程的节拍之和相等,则主体阶段施工时间的确定如下:

$$T=(m\cdot r+n-1)t+T_{砌墙}=[(2\times4+2-1)\times6+19]天=73\ 天$$

(3)屋面工程。屋面工程包括屋面保温隔热层、找平层和防水层 3 个施工过程。考虑屋面防水要求高,所以不分段施工,即采用依次施工的方式。屋面保温层、隔热层劳动量为 240 个工日,施工班组为 40 人,一班制施工,其施工持续时间为

$$t_{保温}=\left(\frac{240}{40\times1}\right)天\approx6\ 天$$

屋面找平层劳动量为 64 个工日,18 人一班制施工,其施工持续时间为

$$t_{找平}=\left(\frac{64}{18\times1}\right)天\approx3.6\ 天,取\ 4\ 天$$

屋面找平层完成后,安排 7 天的养护和干燥时间,方可进行屋面防水层的施工。SBS 改性沥青防水层劳动量为 59 个工日,安排 15 人一班制施工,其施工持续时间为

$$t_{防水}=\left(\frac{59}{15\times1}\right)天\approx3.93\ 天,取\ 4\ 天$$

(4)装饰工程。装饰工程包括外墙保温、外墙面砖、门窗框安装、顶棚墙面抹灰、楼地面、门窗扇安装、内墙涂料、油漆等施工过程。外墙保温、外墙面砖采用自上而下的施工顺序,不参与流水,其他室内装饰工程采用自上而下的施工起点流向,结合装修工程的特点,把每层房屋视为一个施工段,共 4 个施工段($m=4$),5 个施工过程,组织异节拍流水施工。

外墙保温劳动量为 383 个工日,施工班组为 25 人,一班制施工,则其施工持续时间为

$$t_{外墙保温} = \left(\frac{383}{25 \times 1} \right) 天 \approx 15.32 \ 天,取 \ 16 \ 天$$

外墙面砖劳动量为 985 个工日,施工班组为 35 人,一班制施工,则其施工持续时间为

$$t_{外墙面砖} = \left(\frac{985}{35 \times 1} \right) 天 = 28 \ 天$$

门窗框安装劳动量为 189 个工日,施工班组为 12 人,一班制施工,则其流水节拍为

$$t_{门窗框安装} = \left(\frac{189}{4 \times 12 \times 1} \right) 天 \approx 3.94 \ 天,取 \ 4 \ 天$$

顶棚墙面抹灰劳动量为 1 420 个工日,施工班组为 45 人,一班制施工,则其流水节拍为

$$t_{抹灰} = \left(\frac{1\ 420}{4 \times 45 \times 1} \right) 天 \approx 7.9 \ 天,取 \ 8 \ 天$$

楼地面地劳动量为 965 个工日,施工班组为 35 人,一班制施工,则其流水节拍为

$$t_{楼地面} = \left(\frac{965}{4 \times 35 \times 1} \right) 天 \approx 6.89 \ 天,取 \ 7 \ 天$$

门窗扇安装劳动量为 197 个工日,施工班组为 12 人,一班制施工,则其流水节拍为

$$t_{门窗扇} = \left(\frac{197}{4 \times 12 \times 1} \right) 天 \approx 4 \ 天$$

涂料、油漆劳动量为 474 个工日,施工班组为 30 人,一班制施工,则其流水节拍为

$$t_{涂料、油漆} = \left(\frac{474}{4 \times 30 \times 1} \right) 天 \approx 3.95 \ 天,取 \ 4 \ 天$$

室外装饰与室内装饰采用平行搭接施工,外墙保温施工后再进行门窗安装。

装饰分部流水施工工期计算如下:

$$K_{框,抹灰} = 4 \ 天$$

$$K_{抹灰,地面} = 11 \ 天$$

$$K_{地面,扇} = 16 \ 天$$

$$K_{扇,涂料油漆} = 4 \ 天$$

$$T = \sum K_{i,i+1} + mt_n + \frac{t_{外墙保温}}{4} = \left[(4+11+16+4) + 4 \times 4 + \frac{16}{4} \right] 天 = 55 \ 天$$

(5)水暖电安装工程。水暖电安装工程随工程的施工穿插进行。

本工程流水施工进度计划安排如图 2.13 所示。

序号	分部分项工程名称	劳动量/(工日·台班⁻¹)	班组人数	工作班次	持续时间	施工进度/天
一	基础工程					
1	机械开挖基础土方	6台班	10	2	3	
2	混凝土垫层	45	16	1	3	
3	绑扎基础钢筋	72	20	1	4	
4	基础模板	62	16	1	4	
5	基础混凝土	68	35	1	2	
6	回填土	100	25	1	4	
二	主体工程					
7	脚手架	315	6			
8	柱筋	140	18	1	8	
9	柱、梁、板模板	2 360	25	2	48	
10	柱混凝土	217	15	2	8	
11	梁板筋	816	25	2	16	
12	梁、板混凝土	932	20	3	16	
13	拆模	400	25	1	16	
14	砌墙	753	40	1	19	
三	屋面工程					
15	加气混凝土保温隔热	240	40	1	6	
16	屋面找平层	64	18	1	4	
17	屋面防水层	59	15	1	4	
四	装饰工程					
18	外墙保温	383	25	1	16	
19	外墙面砖	985	35	1	28	
20	楼地面	189	12	1	16	
21	顶棚墙面抹灰	1 420	35	1	32	
22	门窗框安装	965	35	1	28	
23	门窗扇安装	197	12	1	16	
24	油漆涂料	474	30	1	16	
25	室外	73	15	1	5	
26	其他					
五	水、电等安装		10	1	5	

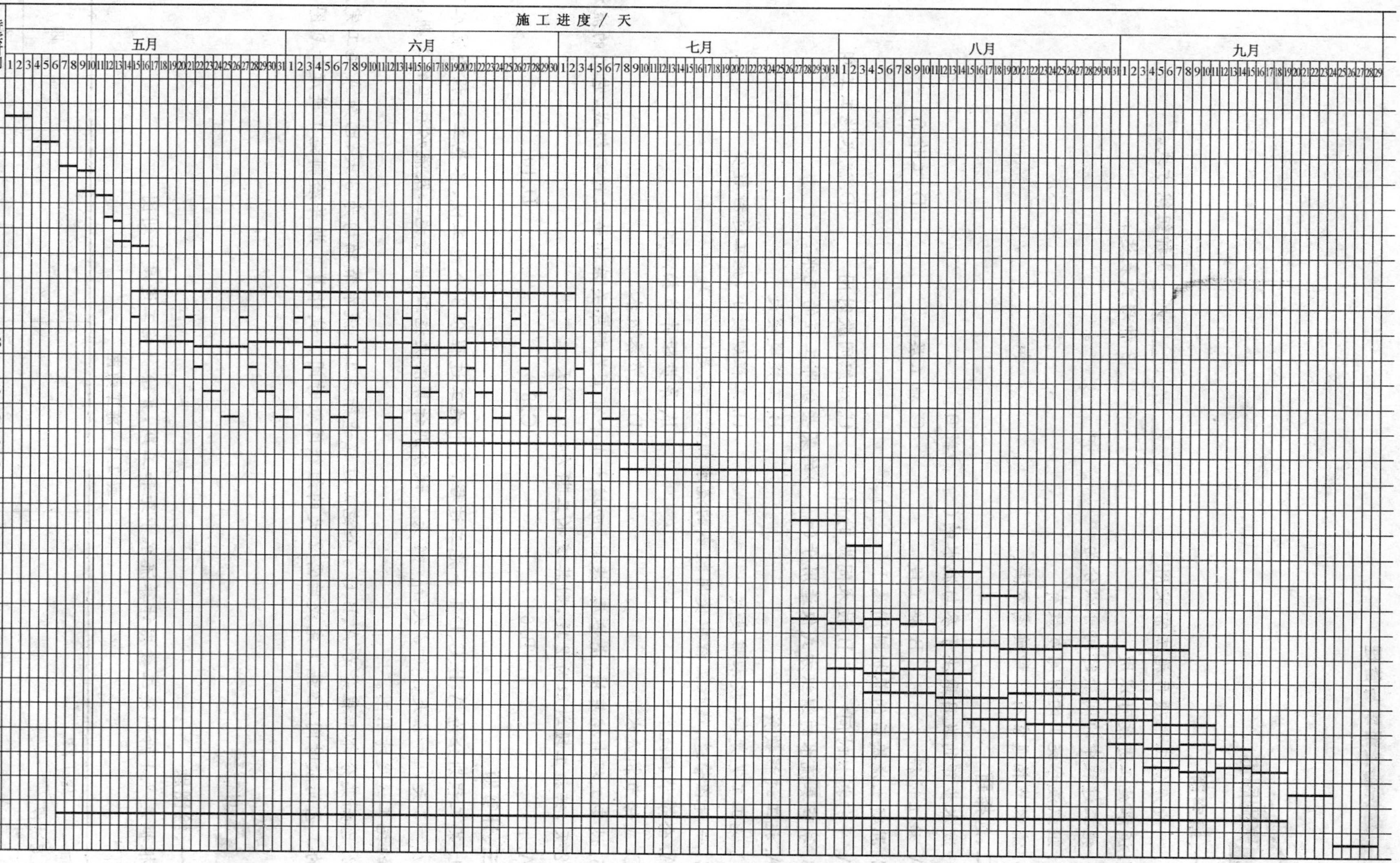

图2.13 流水施工进度计划安排

一、填空题

1. 一般建筑工程项目施工常采用_____、_____、_____3 种组织方式。

2. 流水施工进度可以用_____、_____、_____3 种形式表达。

3. 施工过程中的间歇时间可以分为_____和_____。

4. 组织流水施工的时间参数有_____、_____、_____、_____等。

5. 流水节拍通常有 3 种确定方法：_____、_____和_____。

二、选择题

1. 流水步距的数目取决于参与流水的( )数目。

A. 施工过程　　　　B. 施工段　　　　C. 施工层　　　　D. 工作面

2. 混凝土浇捣后的养护时间属于( )。

A. 平行搭接时间　B. 技术间歇时间　C. 组织间歇时间　　D. 流水施工工期

3. 等节奏流水的组织方式仅适用于( )的某些分部工程的流水。

A. 施工过程数多　　　　　　　　　B. 工程规模大

C. 施工工艺复杂，技术难度大　　　D. 工程规模小，施工过程数少

4. 一般在管道、线性工程中使用较多的流水组织方式是( )。

A. 全等节拍流水　　　　　　　　　B. 异步距异节拍流水

C. 成倍节拍流水　　　　　　　　　D. 无节奏流水

5. 设某工程由挖基槽、浇垫层、基础、回填土 4 个有工艺顺序关系的施工过程组成，它们的流水节拍均为 2 天，若施工段数取为 2 段，则其流水工期为( )天。

A. 4　　　　　　　　B. 6　　　　　　　C. 8　　　　　　　D. 10

三、计算题

1. 某工程划分为 A、B、C、D 4 个施工过程，每个施工过程分 3 个施工段，各施工过程的流水节拍分别为 $t_A = 3$ 天，$t_B = 2$ 天，$t_C = 3$ 天，$t_D = 4$ 天。试分别计算依次施工、平行施工及流水施工的工期，并绘制各自的施工进度计划图。

2. 已知某分部工程分为 A、B、C 3 个施工过程进行施工。流水节拍均为 3 天，已知 A 施工完成后有 2 天的工艺间歇时间，B 施工完成后需 2 天的组织间歇时间。试计算工期并绘制施工进度计划图。

一、绘图题

根据表 2.4 所列施工数据计算流水步距和工期，并绘制施工进度计划图。

表 2.4　施工数据

施工段＼施工过程	一	二	三	四
A	3	2	1	3
B	2	4	3	2
C	4	3	1	2
D	2	3	2	3

二、计算题

某住宅楼采用砖混结构,其中主体结构施工过程分为砌墙、支模板、扎钢筋、浇混凝土、装楼板5个施工过程。流水节拍为5天、4天、3天、2天、3天,另扎完钢筋后有1天的隐蔽工程验收时间,浇筑完混凝土后有2天的技术养护时间才能吊装楼板,楼板吊装后需用2天嵌缝、抄平、弹线方能砌筑上一层墙体。试计算每层所需最少施工段数和工期,并绘制施工进度计划图。

项目3 网络进度计划图编制

项目目标

【知识目标】

1.了解网络计划的基本原理；

2.正确识读双代号网络图、时标网络图；

3.正确计算双代号网络的时间参数；绘制简单的双代号网络图、时标网络图。

【技能目标】

1.具备根据网络图安排工程施工的能力；

2.具备编制单位工程的网络施工计划图的能力。

【课时建议】

18～20课时

3.1　网络计划基础

1. 网络进度计划的表示方法

通过认识图 3.1、图 3.2、图 3.3 的网络计划图,我们应明确施工网络进度计划图中有施工任务、工作顺序并加注工作时间参数等组成内容,有双代号和单代号两种表示方法,将网络图与时间坐标有机地结合起来应用,形成了时间坐标网络图。

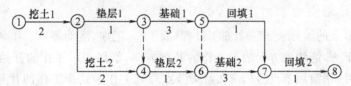

图 3.1　双代号网络进度计划图

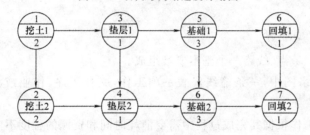

图 3.2　单代号网络进度计划图

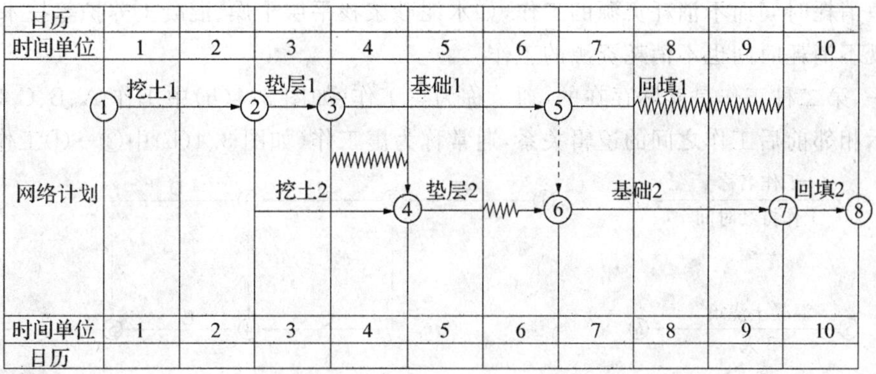

日历										
时间单位	1	2	3	4	5	6	7	8	9	10
网络计划										
时间单位	1	2	3	4	5	6	7	8	9	10
日历										

图 3.3　双代号时标网络进度计划图

2. 网络计划的优缺点

网络计划同横道计划相比具有以下优缺点。

(1)优点。

①能全面反映各项工作之间相互制约、相互联系的关系。

②通过网络计划的时间参数计算,能确定各项工作的开始时间与结束时间,并能找出影响整个工程进度的关键工作与关键线路,便于管理人员集中精力抓住施工中的主要矛盾。

③可以利用计算得出的某些工作的机动时间,更好地利用和调配人力、物力,达到降低成本的目的。

④可以用计算机对复杂的计划进行计算、调整与优化,实现计划管理的科学化。

(2)缺点。

①计划表达不直观,不易看懂,不能反映流水施工的特点。

②计划不易显示资源平衡情况。

以上不足之处可以采用时间坐标网络计划来表示。

3.1.2 双代号网络计划图

以一个箭线及两个节点的编号表示一个施工过程(或工作、工序、活动等)编制而成的网络图称为双代号网络图,如图3.1所示。双代号网络图表示工程进度比较形象,特别是应用在带时间坐标的网络图中。

1. 双代号网络计划图的表示方法

一个箭线及两个节点的编号表示一个施工过程(或工作、工序、活动等),工作名称写在箭线上方,工作持续时间写在箭线下方,箭线的方向表示工作的开展方向,箭尾表示工作的开始,箭头表示工作的结束。在节点内进行编号,用箭尾节点号码 i 和箭头节点号码 j 作为这个工作的代号,如图3.4(a)所示。由于各工作均用两个代号表示,所以叫作双代号表示方法,用双代号网络图表示的计划叫作双代号网络计划。

2. 双代号网络的构成要素

双代号网络图由箭线、节点、线路3个基本要素组成。

(1)箭线。双代号网络图中,一条箭线代表一项工作,又称工序、作业或活动,如支模板、绑扎钢筋等。

在双代号网络图中,工作根据其完成过程中需要消耗时间和资源的程度不同通常可分为3种:

第一种,既消耗时间又消耗资源的工作,如砌砖、浇筑混凝土等。

第二种,只消耗时间而不消耗资源的工作,如水泥砂浆找平层干燥、混凝土养护等技术间歇。

第三种,既不消耗时间也不消耗资源的工作。

其中,第一、第二种工作是实际存在的,通常称为实工作(如图3.4(b)中工作 A、B、C 等),第三种是虚设的,只表示相邻前后工作之间的逻辑关系,通常称为虚工作(如图3.4(b)中③→④工作)。

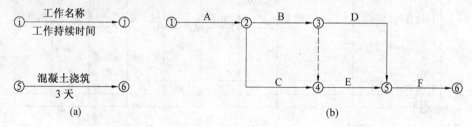

图3.4 双代号网络图

技术点睛

在无时标的网络图中,箭线的长短并不反映该工作占用时间的长短。箭线的形状可以是水平直线,也可以是折线或斜线,但最好画成水平直线或带水平直线的折线。

(2)节点。在双代号网络图中,用圆圈表示的各箭线之间的连接点,称为节点。节点表示前面工作结束和后面工作开始的瞬间。节点不需要消耗时间和资源。

①节点分类。一项工作,箭线的箭尾节点表示该工作的开始节点;箭线的箭头节点表示该工作的结

束节点。根据节点在网络图中的位置不同可以分为起点节点、终点节点和中间节点。一项网络计划的第一个节点，称为该项网络计划的起点节点，它是整个项目计划的开始节点，如图3.4(b)①节点；一项网络计划的最后一个节点，称为终点节点，表示一项计划的结束，如图3.4(b)⑥节点。中间节点是除起点节点和终点节点以外的节点，如图3.4(b)所示，节点②～⑤均为中间节点。

②节点编号。为了便于网络图的检查和计算，需对网络图各节点进行编号。

节点编号的基本规则：其一，箭头节点编号大于箭尾节点编号；其二，在一个网络图中，所有节点的编号不能重复，号码可以连续进行，也可以不连续。

节点编号的方法：编号宜在绘图完成、检查无误后，顺着箭头方向依次进行。当网络图中的箭线均为由左向右和由上至下时，可采取每行由左向右，由上至下逐行编号的水平编号法(图3.4(b))；也可以采取每列由上至下，由左向右逐列编号的垂直编号法，如图3.5所示。

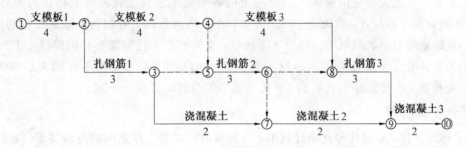

图3.5　双代号网络图

(3)线路。双代号网络图中，由起点节点沿箭线方向经过一系列箭线与节点，最后到达终点节点的通路称为线路。

在一个网络图中，从起点节点到终点节点，一般都存在着许多条线路，每条线路都包含若干项工作，这些工作的持续时间之和就是该线路的时间长度，即线路上总的工作持续时间。线路上持续时间最长的线路称为关键线路，其他线路称为非关键线路。位于关键线路上的工作称为关键工作，其余工作称为非关键工作。

一个网络图中至少有一条关键线路。关键线路也不是一成不变的，在一定的条件下，关键线路和非关键线路会相互转化。

关键线路宜用粗箭线、双箭线或彩色箭线标注，以突出其在网络计划中的重要位置。

技 术 点 睛⋯⋯⋯⋯⋯⋯⋯⋯⋯⋯⋯⋯⋯⋯⋯⋯⋯

关键线路上没有任何机动时间，如果该线路的完成时间提前或拖延，都会导致整个工程的完成时间发生变化。

⋯⋯⋯⋯⋯⋯⋯⋯⋯⋯⋯⋯⋯⋯⋯⋯⋯⋯⋯⋯⋯⋯⋯⋯⋯⋯⋯

3.双代号网络图的相关概念

双代号网络图中工作间有紧前工作、紧后工作和平行工作3种关系。

(1)紧前工作，即紧排在某工作之前的工作称为该工作的紧前工作。双代号网络图中，某工作和紧前工作之间可能有虚工作。如图3.5所示，支模板1是支模板2的组织关系上的紧前工作；扎钢筋1和扎钢筋2之间虽有虚工作，但扎钢筋1仍然是扎钢筋2的组织关系上的紧前工作；支模板1则是扎钢筋1的工艺关系上的紧前工作。

(2)紧后工作，即紧排在某工作之后的工作称为该工作的紧后工作。双代号网络图中，某工作和紧后工作之间可能有虚工作。如图3.5所示，扎钢筋2是扎钢筋1组织关系上的紧后工作；扎钢筋1是支模板1工艺关系上的紧后工作。

（3）平行工作，即可与某工作同时进行的工作称为该工作的平行工作。如图3.5所示，支模板2是扎钢筋1的平行工作。

3.1.3 双代号网络图的绘制

网络图的绘制是网络计划方法应用的关键。要正确绘制网络图，必须正确反映逻辑关系，遵守绘图的基本规则。

1. 网络图的逻辑关系

网络图的逻辑关系是指由网络计划中所表示的各个施工过程之间的先后顺序关系，是工作之间相互制约和依赖的关系，包括工艺关系和组织关系两大类。

（1）工艺关系。工艺关系是由施工工艺所决定的各个施工过程之间客观上存在的先后顺序关系。对于一个具体的分部工程而言，当确定了施工方法以后，则该分部工程的各个施工过程的先后顺序一般是固定的，有的是绝对不能颠倒的。如图3.5所示，支模板1→扎钢筋1→浇混凝土1为工艺关系。

（2）组织关系。组织关系是指在不违反工艺关系的前提下，人为安排工作的先后顺序关系。如图3.5所示，支模板1→支模板2、扎钢筋1→扎钢筋2等为组织关系。

2. 虚箭线及其作用

虚箭线又称虚工作，在双代号网络计划中，只表示前后相邻工作之间的逻辑关系，既不占用时间，也不消耗资源的虚拟的工作，用带箭头的虚线表示。如图3.5中④→⑤、⑤→⑥工作。

虚箭线主要是帮助正确表达各工作之间的关系，避免出现逻辑错误，虚箭线的作用主要是：连接、区分和断路。

（1）连接作用。例如：A、B、C、D 4项工作；工作 A 完成后，工作 C 才能开始；工作 A、B 完成后，工作 D 才能开始。

分析：工作 A 和工作 B 比较，工作 B 后面只有工作 D 这一项紧后工作，则将工作 D 直接画在工作 B 的箭头节点上；工作 C 仅作为工作 A 的紧后工作，则将工作 C 直接画在工作 A 的箭头节点上；工作 A 的紧后工作除了工作 C 外还有工作 D，此时必须引进虚箭线，使 A、D 两个施工过程连接起来。如图3.6所示，这里虚箭线起到了连接的作用。

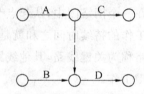

图3.6 虚箭线的连接作用示意图

（2）区分作用。例如：A、B、C 3项工作；工作 A、B 完成后，工作 C 才能开始。

分析：图3.7(a)中的逻辑关系是正确的，但出现了无法区分代号①→②究竟代表工作 A，还是代表工作 B 的问题，因此需要在工作 B、C 之间引进虚箭线加以区分，如图3.7(b)所示。这里，虚箭线起到了区分作用。

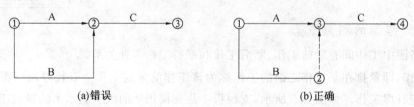

(a)错误   (b)正确

图3.7 区分作用示意图

（3）断路作用。例如：某工程由 A、B、C 3个施工过程组成，它在平面上划分 3个施工段，组织流水施工，试据此绘制双代号网络图。

分析：如画成如图3.8所示的网络图，是错误的。因为该网络图中 A_2 与 C_1，B_2 与 D_1，A_3 与 C_2、

D_1, B_3 与 D_2 等 4 处,把无联系的工作联系上了,出现了多余联系的错误。

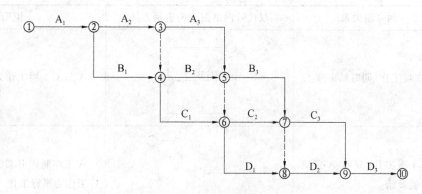

图 3.8   逻辑关系错误的网络图

　　为了消除这种错误的联系,在出现逻辑错误的节点之间增设新节点(即虚箭线),即将 B_1 的结束节点与 B_2 的开始节点、B_2 的结束节点与 B_3 的开始节点、将 C_1 的结束节点与 C_2 的开始节点、C_2 的结束节点与 C_3 的开始节点分开,切断毫无关系的工作之间的联系,其正确的网络图如图 3.9 所示。这里增加了③→⑤、⑦→⑨、⑥→⑧、⑩→⑫ 4 个虚箭线,起到了逻辑断路的作用。

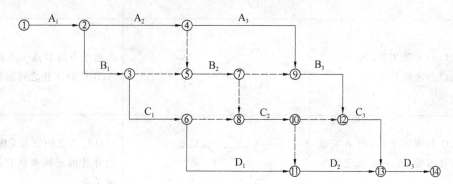

图 3.9   逻辑关系正确的网络图

3.双代号网络图绘制规则

　　(1) 必须正确地表达各项工作之间的先后关系和逻辑关系。在网络图中,根据施工顺序和施工组织的要求,正确地反映各项工作之间的相互制约和相互依赖关系。表 3.1 列出了常见的几种表示方法。

表 3.1   双代号网络图中各工作逻辑关系的表示方法

序号	工作间的逻辑关系	双代号网络图上的表示方法	说明
1	A、B 两项工作,依次施工	○—A→○—B→○	工作 B 依赖工作 A,工作 A 约束工作 B
2	A、B、C 3 项工作,同时开始施工	(A, B, C 平行从一点出发)	A、B、C 3 项工作为平行工作

续表 3.1

序号	工作间的逻辑关系	双代号网络图上的表示方法	说明
3	A、B、C 3 项工作,同时结束施工	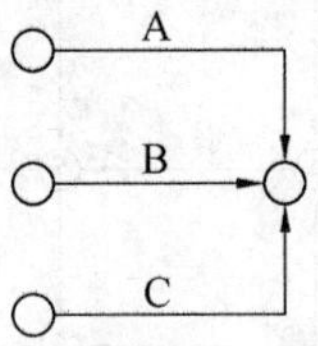	A、B、C 3 项工作为平行工作
4	A、B、C 3 项工作,只有 A 完成后,B、C 才能开始	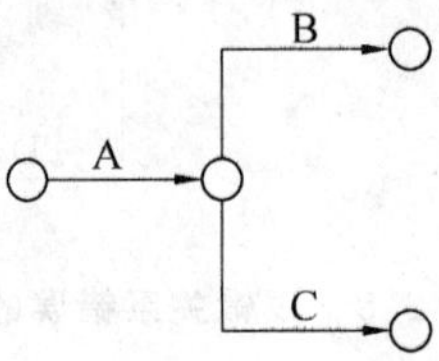	A 工作制约 B、C 工作的开始;B、C 工作为平行工作
5	A、B、C 3 项工作,C 工作只有在 A、B 完成之后才能开始	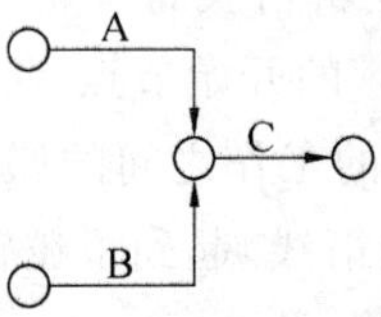	C 工作依赖于 A、B 工作;A、B 工作为平行工作
6	A、B、C、D 4 项工作,当 A、B 完成之后,C、D 才能开始	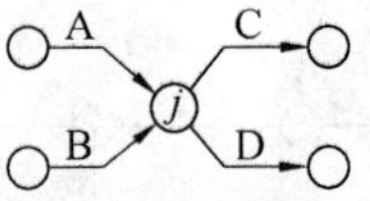	通过中间节点 j 正确地表达了 A、B、C、D 工作之间的关系
7	A、B、C、D 4 项工作,当 A 完成后,C 才能开始,A、B 完成之后,D 才能开始	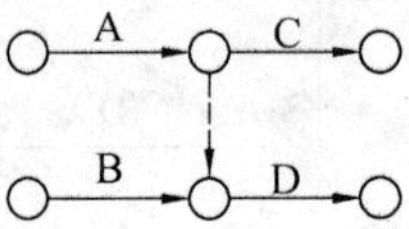	D 与 A 之间引入了虚工作,只有这样才能正确表达它们之间的约束关系
8	A、B、C、D、E 5 项工作,当 A、B 完成后,D 才能开始;B、C 完成之后 E 才能开始	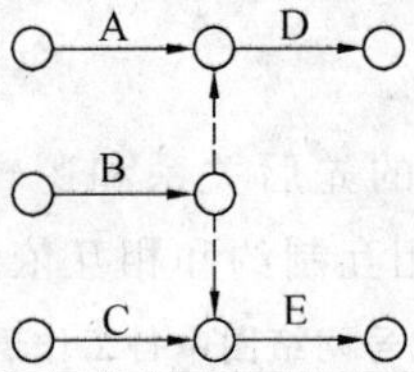	B、D 之间和 B、E 之间引入了虚工作,只有这样才能正确表达它们之间的约束关系
9	A、B、C、D、E 5 项工作,当 A、B、C 完成后,D 才能开始;B、C 完成之后 E 才能开始	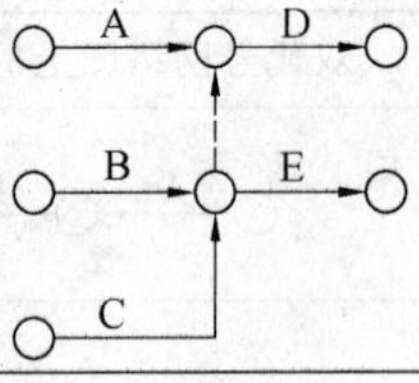	虚工作正确处理了作为平行工作 A、B、C 既全部作为 D 的紧前工作,又部分作为 E 的紧前工作
10	A、B 两项工作,分 3 个施工段进行流水施工	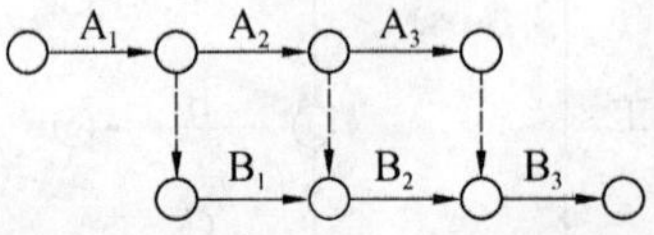	按工种建立两个专业班组,分别在 3 个施工段上进行流水作业,虚工作表达了工种之间的关系

(2)在网络图中,不允许出现循环回路,即从一个节点出发,沿箭线方向再返回到原来的节点。双代号网络图中的箭线(包括虚箭线)宜保持自左向右的方向,不宜出现箭头指向左方的水平箭线和箭头偏向左方的斜向箭线,遵循这一原则绘制网络图,就不会产生循环回路。在图 3.10 中,②→③→④→②

就组成了循环回路,导致违背逻辑关系的错误。

(3)在网络图中,不允许出现带有双向箭头或无箭头的连线。如图 3.11 中③—④连线无箭头,①—④连线有双向箭头,均是错误的。

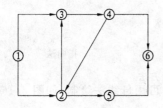 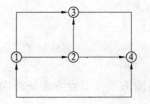

图 3.10 出现循环回路   图 3.11 出现双向或无向箭头

(4)网络图中严禁出现没有箭头节点的箭线和没有箭尾节点的箭线,如图 3.12 所示。

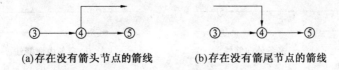

(a)存在没有箭头节点的箭线   (b)存在没有箭尾节点的箭线

图 3.12 错误的画法

(5)在一个网络图中,不允许出现相同编号的节点或箭线。在图 3.13 中(a)中,A、B、C 3 个施工过程均用①→②代号表示是错误的。在此,引入虚箭线的区分作用,加入节点后,使工作 A、B、C 区分开来,正确的表达应如图 3.13(b)或 3.13(c)所示。

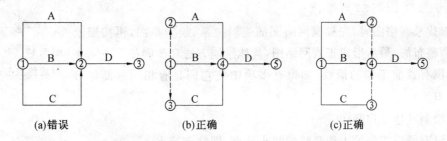

(a)错误   (b)正确   (c)正确

图 3.13 不允许相同编号的节点或箭线

(6)网络图中,不允许出现一个代号表示一项工作。如图 3.14(a)中,施工过程 B 与 A 的表达错误,正确的表达应如图 3.14(b)所示。

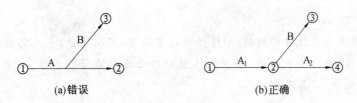

(a)错误   (b)正确

图 3.14 不允许出现一个代号表示一项工作

(7) 网络图中,尽量减少交叉箭线,当无法避免时,应采用过桥法、断线法或指向法表示。如图 3.15(a)为过桥法形式,图 3.15(b)为断线法形式,图 3.15(c)为指向法形式。

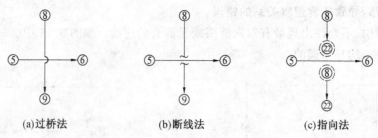

(a)过桥法   (b)断线法   (c)指向法

图 3.15　箭线交叉的表示方法

(8)当网络图的某些节点有多条外向箭线或内向箭线时,可用母线法绘制,如图 3.16 所示。

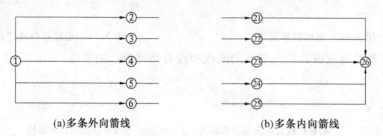

(a)多条外向箭线   (b)多条内向箭线

图 3.16　母线法图

(9)在一个网络图中,只允许有一个起点节点和一个终点节点。如图 3.17,出现了①、②两个起点节点是错误的,出现⑥、⑦两个终点节点也是错误的。

4.双代号网络图的绘制方法

在绘制双代号网络图时,先根据网络图的逻辑关系,绘制草图,再按照绘图规则进行调整布局,最后形成正式网络图,具体绘制方法和步骤如下:

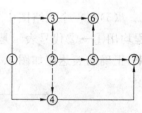

图 3.17　有多个起点节点（或终点节点）的网络图

(1)绘制没有紧前工作的箭线,如果有多项则使它们具有相同的箭尾节点,即起始节点。

(2)依次绘制其他工作箭线。

(3)合并没有紧后工作的工作箭线的箭头节点,即终点节点。

(4)检查工作和逻辑关系有无错漏并进行修正。

(5)按网络图绘图规则的要求完善网络图,使网络图条例清楚、层次分明。

(6)按网络图的编号要求进行节点编号。

技术点睛

绘制双代号网络图应注意的问题:网络图布局要规整,层次清楚,重点突出;尽量采用水平箭线和垂直箭线,少用斜箭线,避免交叉箭线;减少网络图中不必要的虚箭线和节点;灵活应用网络图的排列形式,便于网络图的检查、计算和调整。

【案例实解】

根据表 3.2 中各施工过程的逻辑关系,绘制双代号网络图。

表 3.2　某工程各施工过程的逻辑关系

工作名称	A	B	C	D	E	F
紧前工作	—	A	A	B、C	C	D、E
紧后工作	B、C	D	D、E	F	F	—

【解】

①从 A 出发绘出其紧后过程 B、C；

②从 B 出发绘出其紧后过程 D；

③从 C 出发绘出其紧后过程 E；

④从 D 出发绘出其紧后过程 F；

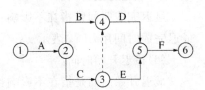

图3.18　绘制好的网络图

⑤根据以上步骤绘出草图后，再检查每个施工过程之间的逻辑关系是否正确，最后经过加工整理，绘出完整的网络图，并进行节点编号，如图3.18所示。

3.2　双代号网络计划时间参数计算

网络计划时间参数的计算，是确定关键线路和工期的基础。它包括工作的最早开始时间和最迟开始时间的计算，最早完成时间和最迟完成时间的计算，工期、总时差和自由时差的计算。计算时间参数的目的主要有 3 个：第一，确定关键线路和关键工作，便于施工中抓住重点，向关键线路要时间；第二，明确非关键线路工作及在施工中时间上有多大的机动性，便于挖掘潜力，统筹全局；第三，确定总工期，做到工程进度心中有数。

网络计划时间参数计算方法通常有图上计算法、表上计算法、矩阵法和电算法等，本节主要介绍图上计算法。

3.2.1　双代号网络计划的时间参数

时间参数是指网络计划、工作、节点所具有的各种时间值。

1. 时间参数含义及表示符号

(1)工作的持续时间。

工作的持续时间是指一项工作从开始到完成的时间。在双代号网络计划中，工作 $i-j$ 的持续时间用 t_{i-j} 表示。

(2)工期。

工期是指完成一项任务所需要的时间。在网络计划中，工期一般有以下 3 种。

计算工期：是指根据网络计划时间参数计算所得到的工期，用 T_c 表示。

要求工期：是指任务委托人提出的合同工期或指令性工期，用 T_r 表示。

计划工期：是指根据要求工期和计划工期所确定的作为实施目标的工期，用 T_p 表示。

当规定了要求工期时，计划工期不应超过要求工期，即

$$T_p \leqslant T_r \tag{3.1}$$

当未规定要求工期时，可令计划工期等于要求工期，即

$$T_p = T_c \tag{3.2}$$

(3)最早开始时间。

最早开始时间指各紧前工作全部完成后，本工作有可能开始的最早时刻。工作 $i-j$ 的最早开始时间用 ES_{i-j} 表示。

(4)最早完成时间。

最早完成时间是指各紧前工作全部完成后，本工作有可能完成的最早时刻。工作 $i-j$ 的最早完成时间用 EF_{i-j} 表示。

（5）最迟完成时间。

最迟完成时间是指在不影响整个任务按期完成的前提下，工作必须完成的最迟时刻。工作 $i-j$ 的最迟完成时间用 LF_{i-j} 表示。

（6）最迟开始时间。

最迟开始时间是指在不影响整个任务按期完成的前提下，工作必须开始的最迟时刻。工作 $i-j$ 的最迟完成时间用 LS_{i-j} 表示。

（7）总时差。

总时差是指在不影响总工期的前提下，本工作可以利用的机动时间。工作 $i-j$ 的总时差用 TF_{i-j} 表示。

（8）自由时差。

自由时差是指在不影响其紧后工作最早开始时间的前提下，本工作可以利用的机动时间。工作 $i-j$ 的自由时差用 FF_{i-j} 表示。

2. 双代号网络计划的时间参数计算

双代号网络计划的时间参数的图上计算简单直观、应用广泛，通常有工作计算法和节点计算法。本节主要介绍图上计算法。

按工作计算法计算时间参数应在确定了各项工作的持续时间之后进行。虚工作也必须视同工作进行计算，其持续时间为零。时间参数的计算结果应标注在箭线之上，如图 3.19 所示。

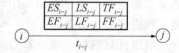

图 3.19　按工作计算法的标注

（1）时间参数计算过程。

第一步：计算最早开始时间 ES_{i-j}。

①当工作以起点节点为开始节点时，其最早开始时间为零（或规定时间），即 $ES_{i-j}=0$。

②其他工作的最早开始时间应为其所有紧前工作最早完成时间最大值，即

$$ES_{i-j}=\max\{EF_{h-i}\}=\max\{ES_{h-i}+t_{h-i}\} \tag{3.3}$$

第二步：计算最早完成时间 EF_{i-j}。

各项工作最早完成时间等于其最早开始时间加上工作持续时间，即

$$EF_{i-j}=ES_{i-j}+t_{i-j} \tag{3.4}$$

第三步：计算最迟完成时间 LF_{i-j}。

最迟完成时间计算方法有如下两种：

①以网络计划终点节点为完成节点的工作最迟完成时间为网络计划的计划工期，即

$$LF_{i-n}=T_p \tag{3.5}$$

②其他工作的最迟完成时间，应等于其紧后工作最迟开始时间的最小值，即

$$LF_{i-j}=\min\{LS_{j-k}\}=\min\{LF_{j-k}-t_{j-k}\} \tag{3.6}$$

第四步：计算最迟开始时间。

各项工作的最迟开始时间等于其最迟完成时间减去工作持续时间，即

$$LS_{i-j}=LF_{i-j}-t_{i-j} \tag{3.7}$$

第五步：确定工期。

网络计划的计算工期应等于以网络计划终点节点为完成节点的工作最早完成时间的最大值，即

$$T_c=\max\{EF_{i-n}\} \tag{3.8}$$

式中　EF_{i-n}——以终点节点（$j=n$）为箭头节点的工作 $i-n$ 的最早完成时间。

第六步:计算总时差。

如图 3.20 所示,在不影响总工期的前提下,一项工作可以利用的时间范围是从该工作最早开始时间到最迟完成时间,即工作从最早开始时间或最迟开始时间开始,均不会影响工期。而工作实际需要的持续时间是 t_{i-j},扣去 t_{i-j} 后,余下的一段时间就是工作可以利用的机动时间,即为总时差。所以总时差等于最迟开始时间减去最早开始时间,或最迟完成时间减去最早完成时间,即

$$TF_{i-j}=LF_{i-j}-EF_{i-j}=LS_{i-j}-ES_{i-j} \tag{3.9}$$

第七步:计算自由时差。

如图 3.21 所示,在不影响其紧后工作最早开始时间的前提下,一项工作可以利用的时间范围是从该工作最早开始时间至其紧后工作最早开始时间。而工作实际需要的持续时间是 t_{i-j},那么扣去 t_{i-j} 后,尚有的一段时间就是自由时差。

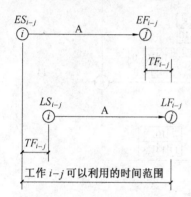

图 3.20　总时差计算简图　　　　　　　　图 3.21　自由时差的计算简图

工作的自由时差计算应按以下两种情况分别考虑:

①对于有紧后工作的工作,其自由时差等于本工作之紧后工作最早开始时间减去本工作最早完成时间,即

$$FF_{i-j}=ES_{j-k}-EF_{i-j} \tag{3.10}$$

②对于无紧后工作的工作,也就是以网络计划终点节点为完成节点的工作,其自由时差等于计划工期与本工作最早完成时间之差,即

$$FF_{i-n}=T_p-EF_{i-n} \tag{3.11}$$

第八步:确定关键工作和关键线路。

在网络计划中,总时差最小的工作为关键工作。特别地,当网络计划的计划工期等于计算工期时,总时差为零的工作就是关键工作。

从起点节点到终点节点全部由关键工作组成的线路为关键线路。

【案例实解】

以图 3.22 所示网络图时间参数的计算为例,说明按工作计算时间参数的过程。

(1)计算各工作最早开始时间 ES_{i-j} 和最早完成时间 EF_{i-j}。

工作的最早开始时间和最早完成时间的计算应从网络计划的起点节点开始,顺着箭线方向依次进行。

如图 3.22 所示的网络计划图中,各工作的最早开始时间、最早完成时间计算如下:

$ES_{1-2}=0$　　　　　　　　　　　　　$EF_{1-2}=ES_{1-2}+t_{1-2}=0+2=2$

$ES_{2-3}=EF_{1-2}=2$　　　　　　　　　$EF_{2-3}=ES_{2-3}+t_{2-3}=2+2=4$

$ES_{2-5}=EF_{1-2}=2$　　　　　　　　　$EF_{2-5}=ES_{2-5}+t_{2-5}=2+3=5$

$$E_{S2-4}=EF_{1-2}=2 \qquad EF_{2-4}=ES_{2-4}+t_{2-4}=2+5=7$$
$$ES_{3-6}=EF_{2-3}=4 \qquad EF_{3-6}=ES_{3-6}+t_{3-6}=4+4=8$$
$$ES_{4-8}=EF_{2-4}=7 \qquad EF_{4-8}=ES_{4-8}+t_{4-8}=7+4=11$$
$$ES_{4-5}=EF_{2-4}=7 \qquad EF_{4-5}=ES_{4-5}+t_{4-5}=7+0=7$$
$$ES_{5-7}=\max\{EF_{2-5},EF_{4-5}\}=\max\{5,7\}=7 \qquad EF_{5-7}=ES_{5-7}+t_{5-7}=7+3=10$$
$$ES_{6-7}=EF_{3-6}=8 \qquad EF_{6-7}=ES_{6-7}+t_{6-7}=8+0=8$$
$$ES_{6-8}=EF_{3-6}=8 \qquad EF_{6-8}=ES_{6-8}+t_{6-8}=8+5=13$$
$$ES_{7-8}=\max\{EF_{6-7},EF_{5-7}\}=\max\{8,10\}=10 \qquad EF_{7-8}=ES_{7-8}+t_{7-8}=10+4=14$$

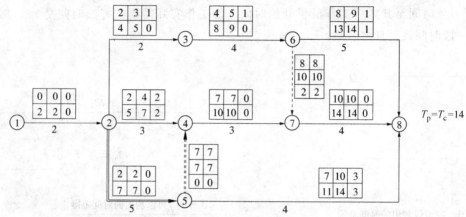

图 3.22 网络图时间参数的计算

技 术 点 睛..............

计算工作最早时间时,应注意以下问题:一是计算顺序应从起点节点开始顺着箭线的方向,按节点次序逐项工作计算;二是同一节点的所有外向工作最早开始时间相等;三是要看清各项工作的每项紧前工作,以便准确计算时间参数。

(2)确定网络计划的计划工期。

在本例中,假设未规定要求工期,则其计算工期就等于计划工期,即

$$T_c=\max\{EF_{4-8},EF_{6-8},EF_{7-8}\}=\max\{11,13,14\}=14$$

计划工期应标注在网络计划终点节点的右上方,如图 3.22 所示。

(3)计算工作的最迟完成时间和最迟开始时间。

工作的最迟完成时间和最迟开始时间的计算应从网络计划的终点节点开始,逆着箭线方向依次进行。

如图 3.22 所示的网络计划图中,各工作的最迟完成时间和最迟开始时间计算如下:

$$LF_{7-8}=14 \qquad LS_{7-8}=LF_{7-8}-t_{7-8}=14-4=10$$
$$LF_{6-8}=14 \qquad LS_{6-8}=LF_{6-8}-t_{6-8}=14-5=9$$
$$LF_{4-8}=14 \qquad LS_{4-8}=LF_{4-8}-t_{4-8}=14-4=10$$
$$LF_{6-7}=LS_{7-8}=10 \qquad LS_{6-7}=LF_{6-7}-t_{6-7}=10-0=10$$
$$LF_{5-7}=LS_{7-8}=10 \qquad LS_{5-7}=LF_{5-7}-t_{5-7}=10-3=7$$
$$LF_{3-6}=\min\{LS_{6-7},LS_{6-8}\}=\min\{10,9\}=9 \qquad LS_{3-6}=LF_{3-6}-t_{3-6}=9-4=5$$
$$LF_{2-5}=LS_{5-7}=7 \qquad LS_{2-5}=LF_{2-5}-t_{2-5}=7-3=4$$
$$LF_{4-5}=LS_{5-7}=7 \qquad LS_{4-5}=LF_{4-5}-t_{4-5}=7-0=7$$

$$LF_{2-4} = \min\{LS_{4-5}, LS_{4-8}\} = \min\{7, 10\} = 7 \qquad LS_{2-4} = LF_{2-4} - t_{2-4} = 7 - 5 = 2$$

$$LF_{2-3} = LS_{3-6} = 5 \qquad LS_{2-3} = LF_{2-3} - t_{2-3} = 5 - 2 = 3$$

$$LF_{1-2} = \min\{LS_{2-3}, LS_{2-4}, LS_{2-5}\} = \min\{3, 2, 4\} = 2 \qquad LS_{1-2} = LF_{1-2} - t_{1-2} = 2 - 2 = 0$$

技 术 点 睛

计算工作最迟时间时,应注意以下问题:一是计算顺序,即从终点节点开始,逆箭线方向按节点次序逐项工作计算;二是同一节点所有内向工作最迟完成时间相等;三是要看清各项工作的每项紧后工作,以便准确计算时间参数。

（4）计算各工作的总时差。

如图 3.22 所示的网络计划图中,各工作的总时差计算如下:

$$TF_{1-2} = LS_{1-2} - ES_{1-2} = 0 - 0 = 0 \qquad TF_{2-3} = LS_{2-3} - ES_{2-3} = 3 - 2 = 1$$

$$TF_{2-4} = LS_{2-4} - ES_{2-4} = 2 - 2 = 0 \qquad TF_{2-5} = LS_{2-5} - ES_{2-5} = 4 - 2 = 2$$

$$TF_{3-6} = LS_{3-6} - ES_{3-6} = 5 - 4 = 1 \qquad TF_{4-5} = LS_{4-5} - ES_{4-5} = 7 - 7 = 0$$

$$TF_{4-8} = LS_{4-8} - ES_{4-8} = 10 - 7 = 3 \qquad TF_{5-7} = LS_{5-7} - ES_{5-7} = 7 - 7 = 0$$

$$TF_{6-7} = LS_{6-7} - ES_{6-7} = 10 - 8 = 2 \qquad TF_{6-8} = LS_{6-8} - ES_{6-8} = 9 - 8 = 1$$

$$TF_{7-8} = LS_{7-8} - ES_{7-8} = 10 - 10 = 0$$

（5）计算各工作的自由时差。

如图 3.22 所示的网络计划图中,各工作的自由时差计算如下:

$$FF_{1-2} = ES_{2-3} - EF_{1-2} = 2 - 2 = 0 \qquad FF_{2-3} = ES_{3-6} - EF_{2-3} = 4 - 4 = 0$$

$$FF_{2-5} = ES_{5-7} - EF_{2-5} = 7 - 5 = 2 \qquad FF_{2-4} = ES_{4-8} - EF_{2-4} = 7 - 7 = 0$$

$$FF_{3-6} = ES_{6-8} - EF_{3-6} = 8 - 8 = 0 \qquad FF_{4-5} = ES_{5-7} - EF_{4-5} = 7 - 7 = 0$$

$$FF_{4-8} = T_p - EF_{4-8} = 14 - 11 = 3 \qquad FF_{5-7} = ES_{7-8} - EF_{5-7} = 10 - 10 = 0$$

$$FF_{6-7} = ES_{7-8} - EF_{6-7} = 10 - 8 = 2 \qquad FF_{6-8} = T_p - EF_{6-8} = 14 - 13 = 1$$

$$FF_{7-8} = T_p - EF_{7-8} = 14 - 14 = 0$$

（6）确定关键工作和关键线路。

本例中,工作 1—2、2—4、4—5、5—7、7—8 的总时差均为零,即这些工作在执行中不具备机动时间,这样的工作为关键工作。

由关键工作组成的线路 1—2—4—5—6—8 即为关键线路。

3.3　双代号时标网络计划

3.3.1　双代号时标网络计划基础

1. 双代号时标网络计划的概念

双代号时标网络计划是指在时间坐标上绘制的双代号网络计划。它既有网络计划的优点,又具有横道计划直观易懂的优点,它能将网络计划的时间参数直观地表达出来。

时标网络计划是以时间坐标为尺度绘制的网络计划。时标的时间单位应根据需要在编制网络计划之前确定好,一般可为天、周、月或季等。

2.时标网络计划的一般规定

(1)以实箭线表示工作,以箭线的水平投影长度表示工作持续时间;以虚箭线表示虚工作,以水平波形线表示自由时差。

(2)虚工作必须以垂直虚箭线表示,有时差时加波形线表示。

(3)节点的中心必须对准时标的刻度线。

(4)宜按各项工作的最早开始时间绘制。

3.时标网络计划的绘制方法

时标网络计划宜按最早时间编制时标网络计划。其绘制方法有间接绘制法和直接绘制法两种。

(1)间接绘制法。间接绘制法是先计算网络计划的时间参数,再根据时间参数在时间坐标上进行绘制的方法。其绘制步骤和方法如下:

①先绘制无时标网络计划,计算时间参数,确定关键工作和关键线路。

②根据需要确定时间单位并绘制时标横轴。

③根据各节点的最早时间,从起点节点开始将各节点逐个定位在时间坐标的纵轴上。

④依次在各点后面绘出箭线长度及自由时差。绘制时宜先画关键工作、关键线路,再画非关键工作。如箭线长度不足以达到工作的结束节点时,用波形线补足。箭头画在波形线与节点连接处。

⑤用虚箭线连接各有关节点,将各有关的工作连接起来。

⑥把时差为零的箭线从起点节点到终点节点连接起来,并用粗箭线、双箭线或彩色箭线表示,即形成时标网络计划的关键线路。

(2)直接绘制法。直接绘制法是不计算网络计划时间参数,直接在时间坐标上进行绘制的方法。其绘制步骤和方法可归纳为如下绘图口诀:"时间长短坐标限,曲直斜平利相连;箭线到齐画节点,画完节点补波线;零线尽量拉垂直,否则安排有缺陷。"

①时间长短坐标限:箭线的长度代表着具体的施工时间,受到时间坐标的制约。

②曲直斜平利相连:箭线的表达方式可以是直线、折线、斜线等,但布图应合理,直观清晰。

③箭线到齐画节点:工作的开始节点必须在该工作的全部紧前工作都画出后,定位在这些紧前工作最晚完成的时间刻度上。

④画完节点补波线:某些工作的箭线长度不足以达到其完成节点时,用波形线补足。

⑤零线尽量拉垂直:虚工作持续时间为零,应尽可能让其为垂直线。

⑥否则安排有缺陷:若出现虚工作占据时间的情况,其原因是工作面停歇或施工作业队组工作不连续。

【案例实解】

以图 3.23 所示的双代号网络计划为例,按直接绘制法绘制双代号时标网络图。

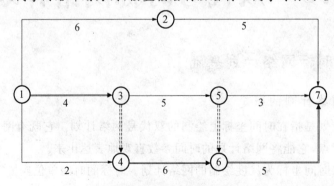

图 3.23 双代号网络计划

【解】

(1)将起点节点定位在时标网络计划图的起始刻度线上,如图3.24节点①就是定位在时标网络计划表的起始刻度线"0"的位置上。按工作持续时间在时标表上绘制以网络计划起点节点为开始节点的工作箭线,如图3.24所示,分别绘出工作箭线A、B、C。

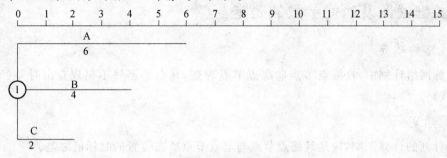

图3.24　第一步图

(2)其他节点必须在以该节点为完成节点的所有工作箭线均画出后,定位在这些工作最晚完成的时间刻度上。当某些工作箭线长度不足以达到该节点时,用波形线补足,线头画在波形线与节点连接处,如图3.25所示。

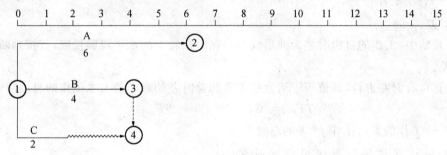

图3.25　第二步图

(3)当某个节点的位置确定后,就可绘制以该节点为开始节点的工作箭线,如图3.26所示。

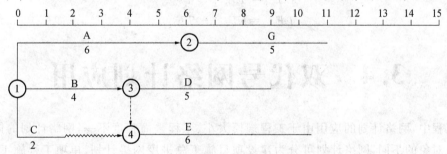

图3.26　第三步图

(4)用上述办法自左至右依次确定其他节点位置,直至绘出网络计划终点节点,如图3.27所示。

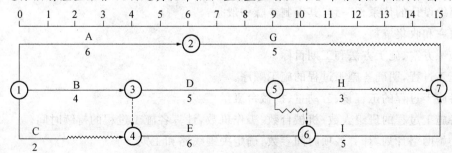

图3.27　双代号时标网络计划图

在绘制时标网络计划时,特别需要注意处理好虚箭线。首先,应将虚箭线与实箭线等同看待,只是虚箭线所对应工作的持续时间为零;其次,尽管它本来没有持续时间,但仍可能存在波形线,因此,要按规定画出波形线。在画波形线时,其垂直部分仍应画为虚线,如图 3.27 中虚箭线⑤→⑥。

3.3.2　关键线路及时间参数的确定

1.关键线路的确定

双代号时标网络计划中,自终点节点向起点节点观察,凡自始至终不出现自由时差(波形线)的通路,就是关键线路。

2.工期的确定

时标网络计划的计算工期,应是其终点节点与起点节点所在位置的时标值之差。

3.工作最早时间参数的判断

按最早时间绘制的时标网络计划,每条箭线的箭尾和箭头(或实箭线的端部)所对应的时标为该工作的最早开始时间和最早完成时间。

4.时差的判断与计算

(1)自由时差。

时标网络计划中,工作的自由时差为波形线部分在坐标轴上的水平投影长度,直接判断即可。

(2)总时差。

总时差计算自右向左进行,其值等于诸紧后工作的总时差的最小值与本工作的自由时差之和,即

$$TF_{i-j} = \min\{TF_{j-k}\} + FF_{i-j} \qquad (3.12)$$

式中　TF_{j-k}——工作的紧后工作 $j-k$ 的总时差。

5.双代号时标网络计划最迟时间的计算

由于最早时间与总时差已知,故最迟时间可用下列公式计算:

$$LS_{i-j} = ES_{i-j} + TF_{i-j} \qquad (3.13)$$

$$LF_{i-j} = EF_{i-j} + TF_{i-j} \qquad (3.14)$$

3.4　双代号网络计划应用

在实际工程中,网络计划的应用由于工程规模大小、工程繁简程度不一,网络计划的体系也不同。根据建设项目对象的不同,网络计划可分为建设项目施工总进度网络计划、单项工程施工进度网络计划、单位工程施工进度网络计划、分部工程施工进度网络计划等。

无论是分部工程网络计划还是单位工程网络计划,都是其相应施工组织文件的重要组成部分,都应与相应施工组织设计的体系相一致,其编制步骤一般是:

①调查研究和收集资料。

②确定施工方案、施工方法和工期目标。

③划分施工过程,明确各施工过程的施工顺序。

④计算各施工过程的工程量、劳动量、机械台班量。

⑤明确各施工过程的班组人数、机械台数、工作班数,计算各施工过程的持续时间。

⑥绘制初始网络计划,计算各项时间参数,确定关键线路和工期。

⑦检查初始网络计划的工期是否符合工期目标,资源是否均衡。

⑧进行网络计划的优化调整。

⑨绘制正式网络计划。

⑩上报审批。

在此,仅介绍分部工程网络计划和单位工程网络计划的编制。

3.4.1　分部工程网络计划

按现行《建筑工程施工质量验收统一标准》(GB 50300—2013),建筑工程可划分为地基与基础工程、主体结构工程、建筑装饰装修工程、建筑屋面工程、建筑给水排水及采暖工程、通风与空调工程、建筑电气工程、智能建筑工程、建筑节能工程和电梯工程 10 个分部工程。

在每个分部工程中,既要考虑各施工过程之间的工艺关系,又要考虑组织施工中他们之间的组织关系。只有在考虑这些逻辑关系后,才能正确构成施工网络计划。同时还应注意网络图的构图,并且尽可能组织主导施工过程流水施工。

(1)钢筋混凝土独立基础工程的网络计划。

钢筋混凝土独立基础工程一般可以划分为:土方开挖、混凝土垫层、绑扎钢筋、支基础模板、浇注基础混凝土并养护、拆模、回填土等施工过程,当分为 3 个施工段时,按施工段排列的网络计划如图 3.28 所示。

(2)钢筋混凝土杯型基础工程的网络计划。

单层钢筋混凝土装配式工业厂房,其杯型基础工程的施工过程可划分为:基坑开挖、混凝土垫层(含养护)、杯型基础、回填土 4 个施工过程。当划分为 3 个施工段组织流水施工时,按施工过程排列的网络计划如图 3.29 所示。

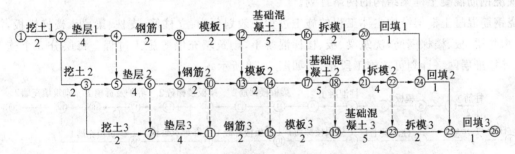

图 3.28　钢筋混凝土独立基础按施工段排列的网络计划

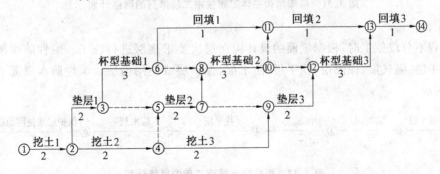

图 3.29　钢筋混凝土杯型基础按施工过程排列的网络计划

（3）主体结构工程网络图。

①砌体结构的网络计划。

5 层砌体结构房屋，当结构主体为现浇钢筋混凝土构造柱、现浇钢筋混凝土过梁、现浇板、现浇楼梯时，若分 3 段施工，其网络计划可按施工过程排列，如图 3.30 所示。

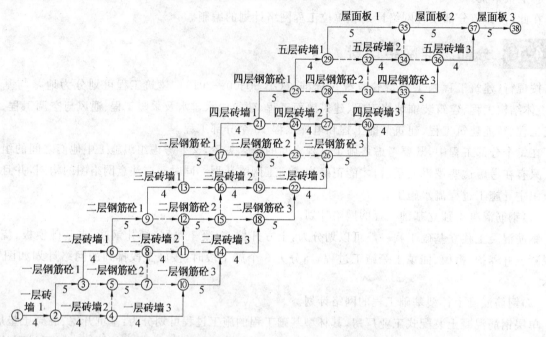

图 3.30　砌体结构主体工程按施工过程排列的网络计划

②现浇钢筋混凝土框架结构的网络计划。

现浇钢筋混凝土框架结构主体工程的施工过程一般划分为：立柱筋，支柱、梁、板、楼梯模板，浇筑柱混凝土，绑扎梁、板、楼梯钢筋，浇筑梁、板、楼梯混凝土，砌筑填充墙等施工过程。每层分 3 个施工段组织施工，其标准层网络计划可按施工段排列，如图 3.31 所示。

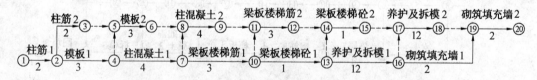

图 3.31　框架结构主体工程按施工段排列的网络计划

（4）屋面工程。

当屋面工程不分段施工时，根据屋面的设计构造层次要求逐层进行施工。柔性防水屋面施工过程划分为找坡找平层、隔气层、保温层、找平层、防水层、保护层或使用面层。柔性防水屋面工程的网络计划如图 3.32 所示。

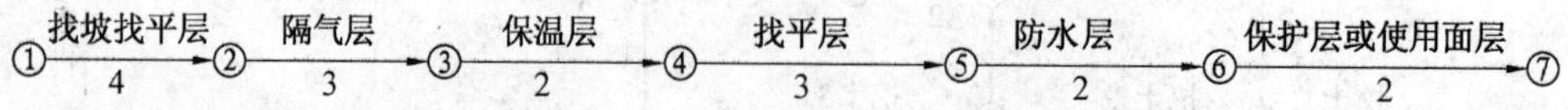

```
找坡找平层        隔气层        保温层        找平层        防水层        保护层或使用面层
①————②————③————④————⑤————⑥————⑦
    4          3         2          3          2              2
```

图 3.32　柔性防水屋面工程的网络计划

(5)装饰工程网络计划。

某 4 层办公楼的建筑装饰装修工程的内装饰装修施工划分为楼地面、顶棚抹灰、内墙面抹灰、门窗扇、油漆玻璃、细部、楼梯间 7 个施工过程,每楼层划分为一个施工段,室内装饰装修工程宜以自上而下的顺序进行,按施工过程排列的网络计划如图 3.33 所示。

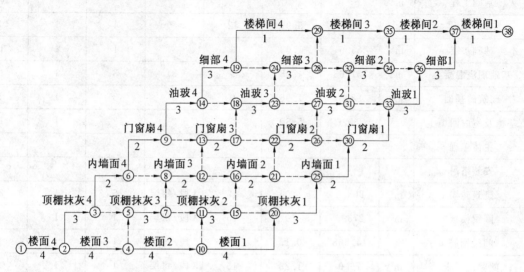

图 3.33   建筑装饰装修工程网络计划

3.4.2   单位工程网络计划

编制单位工程网络计划时,首先要熟悉图纸,对工程对象进行分析,摸清建设规模和施工现场施工条件,选择施工方案,确定合理的施工顺序和主要施工方法,根据各施工过程时间的逻辑关系,绘制网络图,并将各分部工程的施工顺序最大限度地合理搭接起来。

其次,分析各施工过程在网络图中的地位,通过计算时间参数,确定关键施工过程、关键线路和各施工过程的机动时间。最后应根据上级要求、合同规定、施工条件及经济效益等,统筹考虑,调整计划,制定出最优的计划方案,上报审批后执行。

某公司办公楼为 5 层砌体结构,建筑面积为 2 889.62 m²,平面形状为一字形,混凝土条形基础,主体结构为砖墙,层层设钢筋混凝土圈梁,预应力混凝土空心楼板。室内地面采用水泥砂浆抹面。外墙采用混合砂浆中级粉刷,内墙为石灰砂浆抹面刷白色涂料。顶棚为石灰砂浆抹面,并刷白色涂料。

本工程的施工安排为:基础划分为 3 个施工段,主体结构每层划分为 3 个施工段,外装修自上而下一次完成,内装修按楼层划分施工段自上而下进行。其工程量一览表见表 3.3,该工程网络计划如图 3.34 所示。

表 3.3　工程量一览表

序号	分部分项工程名称	工程量		产量定额	工作持续天数	施工段数	流水节拍	每天工作班数	每班工人数
		单位	数量						
一	基础工程	m³							
1	基础挖土	m³	486	5.99	12	3	4	1	7
2	基础垫层	m³	56.6	1.63	3	3	1	1	12
3	基础现浇混凝土	m³	151.63	1.58	9	3	3	1	11
4	砌筑砖基础	m³	88.5	1.96	9	3	3	1	5
5	基槽及室内回填土	m³	369.6	5.30	6	3	2	1	12
二	主体工程								
1	安装塔吊				1				
2	砌筑砖墙	m³	968.5	1.04	45	3 段/每层	5	1	21
3	圈梁模板	m²	273.6	10	15	3 段/每层	1	1	3
4	圈梁钢筋	t	14.568	0.13	15	3 段/每层	1	1	8
5	圈梁混凝土	m³	76.9	1.28	15	3 段/每层	1	1	4
6	楼板安装	块	1 215	5.5	1	3 段/每层	2	1	9
7	搭脚手架	m²	2 113.5	60	6				6
8	拆除塔吊、安装井架				2			3	
三	屋面工程								
1	水泥砂浆找平层	m²	699.5	12.82	1	1	1	2	28
2	炉渣找坡层	m³	84.5	2.61	1	1	1	1	11
3	FSG 保温层	m³	55.96	9.14	1	1	1	1	6
4	水泥砂浆找平层	m²	699.5	12.5	1	1	1	2	28
5	4 mm 厚 SBS 防水层	m²	699.5	17	1	1	1	2	21
四	装饰工程								
1	外墙粉刷	m²	1 526	6.51	10	5	2	1	24
2	门窗安装	m²	912.6	25	5	5	1	1	8
3	顶墙抹灰、涂料	m²	2 596.3	8.20	15	5	3	1	21
4	内墙抹灰、涂料	m²	7 028.5	11.40	10	5	2	2	31
5	楼地面、楼梯抹灰	m²	3 451.5	23.8	10	5	2	1	10
6	油漆、玻璃	m²	316.5	11	5	5	1	1	6
7	水电安装							4	
8	脚手架、井架拆除收尾								
9	收尾								2
									2

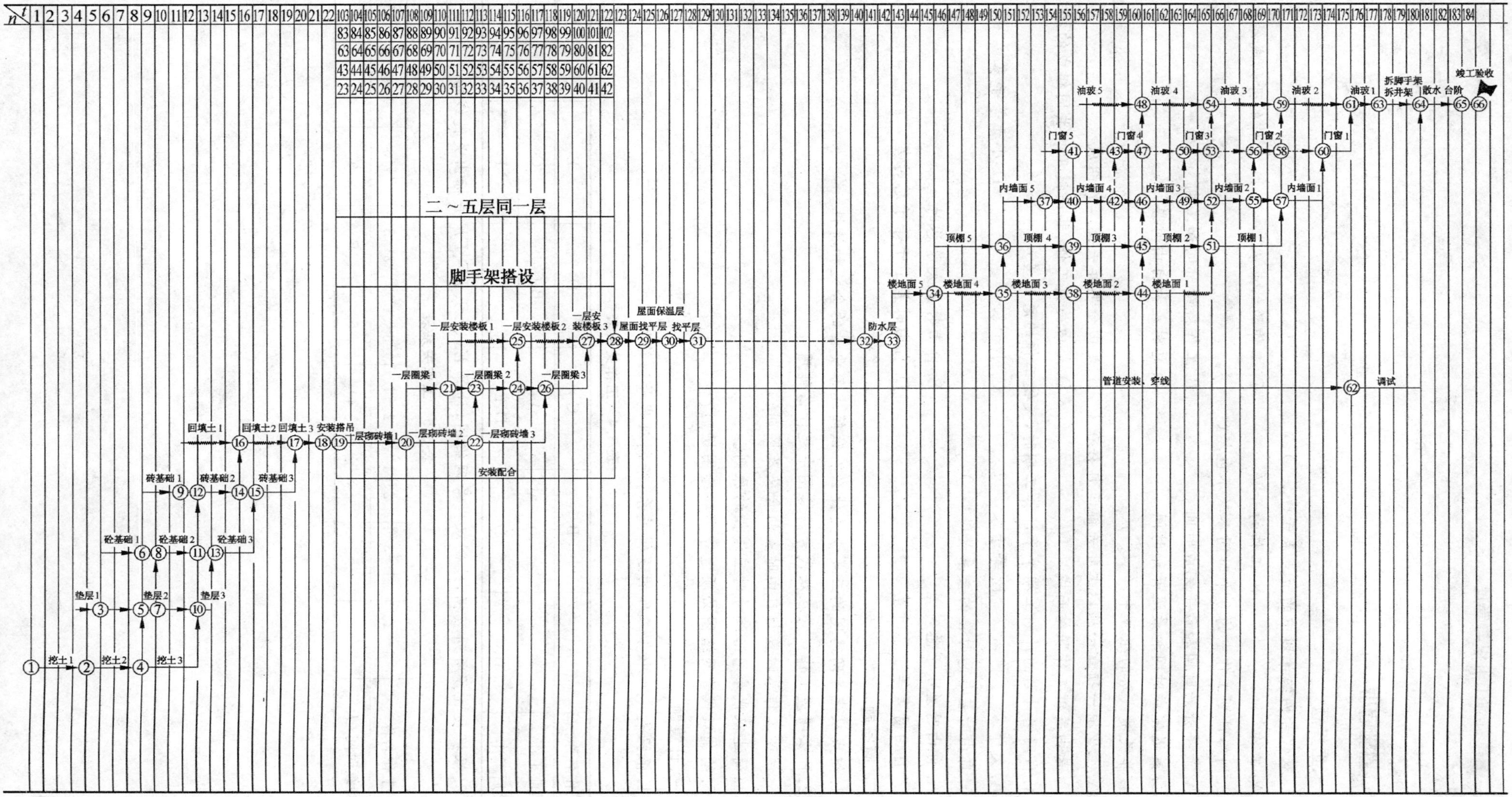

图3.34 某公司办公楼施工进度网络计划

一、选择题

1.双代号网络计划中的节点表示（　　）。

A.工作　　　　　　B.工作的开始　　　　C.工作的结束　　　　D.工作的开始或结束

2.网络计划工作中的6个时间参数不包括（　　）。

A.最早开始时间和最早完成时间　　　　B.工作持续时间和工期

C.最迟完成时间和最迟开始时间　　　　D.总时差和自由时差

3.非关键线路的组成中，（　　）。

A.至少有一项或一项以上非关键工作存在　　　　B.是由全部非关键工作组成

C.是由关键工作联结而成　　　　D.是由关键工作、非关键工作共同组成的线路

4.当网络计划的计划工期等于计算工期时，关键工作的总时差（　　）。

A.大于零　　　　　　B.等于零　　　　C.小于零　　　　D.小于等于零

5.自由时差与总时差的关系是（　　）。

A.自由时差小于总时差　　　　B.自由时差大于总时差

C.自由时差等于总时差　　　　D.自由时差小于等于总时差

二、简答题

1.组成双代号网络图的三要素是什么？试简述各要素的含义和特性。

2.什么叫虚工作？它在双代号网络图中起什么作用？

3.试述工作总时差与自由时差的含义及区别。

4.简述双代号网络编号时应遵循的原则。

5.绘制双代号网络图必须遵守哪些绘图规则？

三、计算题

1.根据表3.4中各工作的逻辑关系，绘制双代号网络图。

表 3.4　工作关系表

工作名称	A	B	C	D	E	F
紧前工作	—	A	A	B,C	C	D,E
紧后工作	B,C	D	D,E	F	F	—

2.根据表3.5所列数据，绘制双代号网络图，计算 ES、LS、TF、FF 并标出关键线路。

表 3.5　工作关系表

工作名称	1—2	1—3	2—3	2—4	3—4	3—5	4—5	4—6	5—6
持续时间/天	1	5	3	2	6	5	0	5	3

一、绘图题

(1)根据表 3.6 中各工作的逻辑关系,绘制双代号网络图,计算时间参数并标注在图上。

表 3.6 工作关系表

工作	A	B	C	D	E	F	G	H	I	J	K
持续时间	22	10	13	8	15	17	15	6	11	12	20
紧前工作	—	—	B、E	A、C、H	—	B、E	E	F、G	F、G	A、C、I、H	F、G

(2)根据表 3.6 绘制的双代号网络图,试绘制双代号时标网络图。

二、案例分析

背景:

某综合楼工程,地下 1 层,地上 10 层,钢筋混凝土框架结构,建筑面积 28 500 m²,某施工单位与建设单位签订了工程施工合同,合同工期约定为 20 个月。施工单位根据合同工期编制了该工程项目的施工进度计划,并且绘制出施工进度网络计划,如图 3.35 所示(单位:月)。

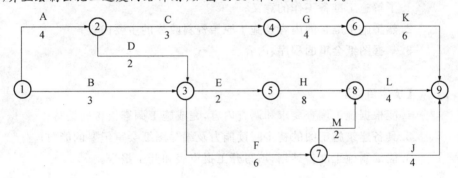

图 3.35 施工进度网络计划

在工程施工中发生了如下事件。

事件一:因建设单位修改设计,致使工作 K 停工 2 个月。

事件二:因建设单位供应的建筑材料未按时进场,致使工作 H 延期 1 个月。

事件三:因不可抗力原因致使工作 F 停工 1 个月。

事件四:因施工单位原因工程发生质量事故返工,致使工作 M 实际进度延迟 1 个月。

问题:

(1)指出该网络计划的关键线路,并指出由哪些关键工作组成。

(2)针对本案例上述各事件,施工单位是否可以提出工期索赔的要求?并分别说明理由。

(3)上述事件发生后,本工程网络计划的关键线路是否发生改变?如有改变,指出新的关键线路。

(4)对于索赔成立的事件,工期可以顺延几个月?实际工期是多少?

项目 **4** 施工准备工作

项目
目标

【知识目标】

1. 了解施工准备工作的意义；

2. 熟悉施工准备的内容及施工原始资料收集的主要内容；

3. 掌握图纸会审的程序、内容。

【技能目标】

1. 能根据施工调查要求和调查内容，完成施工调查报告的编写；

2. 具备建筑施工图的初步阅读能力及编写图纸会审纪要的能力；

3. 能编制施工准备计划，填写开工报审表和开工报告。

【课时建议】

4～6 课时

4.1　原始施工资料收集和整理

施工准备工作是为了保证工程的顺利开工和施工活动正常进行所必须事先做好的各项准备工作，是生产经营管理的重要组成部分，是施工程序中的重要环节。

施工准备工作的基本任务是为拟建工程的施工建立必要的技术和物质条件，统筹安排施工力量和施工现场。认真做好施工准备工作，对于发挥企业优势、合理供应资源、加快施工速度、提高工程质量、降低工程成本、增加企业经济效益等具有重要的意义。

施工准备工作的内容一般包括原始施工资料的收集和整理、技术资料准备、施工现场准备、施工现场人员准备及现场生产资料准备、冬雨季施工准备。

对一项工程所涉及的自然条件和技术经济条件等施工资料进行调查研究与收集整理，是施工准备工作的一项重要内容，也是编制施工组织设计的重要依据。尤其是当施工单位进入一个新的城市或地区时，此项工作显得尤为重要。调查研究工作开始之前，事先要拟订详细的调查提纲。其调查的范围、内容要求等应根据拟建工程的规模、性质、复杂程度、工期以及对当地的了解程度确定。调查时，除向建设单位、勘察设计单位、当地气象台及有关部门收集资料及有关规定外，还应到实地勘测，并向当地居民了解。

4.1.1　原始资料的收集

自然条件调查分析包括对建设地区的气象资料、工程地形地质、工程水文地质、地区地震条件、场地周围环境及障碍物条件等的调查。自然条件调查表见表 4.1。

表 4.1　自然条件调查表

序号	项目	调查内容	调查目的
1		气象资料	
(1)	气温	①全年各月平均温度 ②最高温度、月份；最低温度、月份 ③冬季、夏季室外计算温度 ④霜、冻、冰雹期 ⑤小于 -3 ℃、0 ℃、5 ℃的天数、起止日期	①确定防暑降温的措施 ②确定全年正常施工天数 ③确定冬季施工的措施 ④估计混凝土、砂浆强度
(2)	降雨	①雨季起止时间 ②全年降水量、一日最大降水量 ③确定全年雷暴日数、时间 ④全年各月平均降水量	①确定雨季施工措施 ②确定现场排水、防洪方案 ③确定现场防雷设施 ④雨天天数估计
(3)	风	①主导风向及频率（风玫瑰图） ②大于等于 8 级风全年天数、时间	①布置临时设施 ②确定高空作业及吊装的技术安全措施

续表 4.1

序号	项目	调查内容	调查目的
2		工程地形地质	
(1)	地形	①区域地形图 ②工程地形图 ③工程建设地区的城市规划图 ④控制桩、水准点的位置 ⑤地形、地质的特征 ⑥勘察工程文件、资料等	①选择施工用地 ②合理布置施工总平面图 ③计算现场平整土方量 ④了解障碍物及数量 ⑤拆迁和清理施工现场
(2)	地质	①钻孔布置图 ②地质剖面图(各层土的特征、厚度) ③地层的稳定性:滑坡、流沙 ④地基土强度的结论,各项物理力学指标:天然含水量、孔隙比、渗透性指标、压缩性指标、塑性指数、地基承载力 ⑤软弱土、膨胀土、湿陷性黄土分布情况;最大冻结深度 ⑥防空洞、枯井、土坑、古墓、洞穴、地基土破坏情况 ⑦地下沟渠管网、地下构筑物	①土方施工方法的选择 ②地基处理方法 ③基础、地下结构施工措施 ④拟订障碍物拆除方案 ⑤基坑开挖方案设计
(3)	地震	地震设防烈度的大小	确定对地基、结构影响及施工注意事项
3		工程水文地质	
(1)	地下水	①最高、最低水位及时间 ②流向、流速、流量 ③水质分析 ④抽水试验、测定水量	①基础施工方案的选择 ②降低地下水位方法、措施 ③判定侵蚀性质及施工注意事项 ④使用、饮用地下水的可能性
(2)	地面水 (地面河流)	①临近的江河湖泊及距离 ②洪水、平水、枯水时期,其水位、流量、流速、航道深度及通航可能性 ③水质分析	①确定临时给水方案 ②确定施工运输方式 ③确定水工工程施工方案

资料来源:当地气象台、地震局,设计的原始资料、勘察报告等

4.1.2 收集相关信息与资料

1.技术经济条件调查分析

技术经济条件调查分析包括地方建筑生产企业、地方资源交通运输,水、电及其他能源,主要设备、三大材料和特殊材料,以及它们的生产能力等项调查。技术经济条件调查表见表 4.2 至表 4.8。

表4.2 地方建筑材料及构件生产企业情况调查表

序号	企业名称	产品名称	规格质量	单位	生产能力	供应能力	生产方式	出厂价格	运距	运输方式	单位运价	备注

注:①企业及产品名称按照构件厂,木工厂,金属结构厂,商品混凝土厂,砂石厂,建筑设备厂,砖、瓦、石灰厂等填列

②资料来源:当地计划、经济、建筑主管部门

③调查明细:落实物资供应

表4.3 地方资源情况调查表

序号	材料名称	产地	储存量	质量	开采(生产)量	开采费	出厂价	运距	运费	供应的可能性

注:①材料名称栏按照块石、碎石、砾石、砂、工业废料(包括冶金矿渣、炉渣、电站粉煤灰)填列

②调查目的:落实地方物资准备工作

表4.4 地区交通运输条件调查表

序号	项目	调查内容	调查目的
1	铁路	①邻近铁路专用线、车站至工地的距离及沿途运输条件 ②站场卸货线长度、起重能力和储存能力 ③装载单个货物的最大尺寸、重量的限制 ④运费、装卸费和装卸力量	
2	公路	①主要材料产地至工地的公路等级,路面构造宽度及完好情况,允许最大载重量,途经桥涵等级 ②当地专业机构及附近村镇能提供的装卸、运输能力,汽车、畜力、人力车的数量及运输效率、运费、装卸费 ③当地有无汽车修配厂、修配能力和至工地距离、路况 ④沿途架空电线高度	①选择施工运输方式 ②拟订施工运输计划
3	航运	①货源、工地至邻近河流、码头渡口的距离及道路情况 ②洪水、平水、枯水期、封冻期,通航的最大船只及吨位,取得船只的可能性 ③码头装卸能力、最大起重量、增设码头的可能性 ④渡口的渡船能力;同时可载汽车、马车数,每日次数,能为施工提供的能力 ⑤运费、渡口费、装卸费	

表 4.5　给水排水、供电与通信等条件调查表

序号	项目	调查内容	调查目的
1	给水排水	①与当地现有水源连接的可能性,可供水量,接管地点、管径、管材、埋深、水压、水质、水费,至工地距离,地形地物情况 ②临时供水源:利用江河、湖水可能性,水源、水量、水质、取水方式,至工地距离、地形地物情况;临时水井位置、深度、出水量、水质 ③利用永久排水设施的可能性,施工排水去向,距离坡度;有无洪水影响,现有防洪设施、排洪能力	①确定生活、生产供水方案 ②确定工地排水和防洪方案 ③拟订给水排水的施工进度计划
2	供电与通信	①电源位置,引入的可能,允许供电容量、电压、导线截面、距离、电费、接线地点,至工地距离,地形地物情况 ②建设和施工单位自有发电、变电设备的规格型号、台数、能力 ③利用邻近通信设备的可能性,电话、电报局至工地距离,增设电话设备和计算机等自动化办公设备和线路的可能性	①确定供电方案 ②确定通信方案 ③拟订供电和通信的施工制度计划
3	供气	①蒸汽来源,可供能力、数量,接管地点、管径、埋深,至工地距离,地形地物情况,供气价格,供气的正常性 ②建设和施工单位自有锅炉型号、台数、能力,所需燃料、用水水质、投资费用 ③当地建设单位提供压缩空气、氧气的能力,至工地的距离	①确定生产、生活用气的方案 ②确定压缩空气、氧气的供应计划

资料来源:当地城建、供电局、水厂等单位及建设单位

表 4.6　三大材料、特殊材料及主要设备调查表

序号	项目	调查内容	调查目的
1	三大材料	①钢材订货的规格、钢号、强度等级、数量和到货时间 ②木材订货的规格、等级、数量和到货时间 ③水泥订货的品种、等级、数量和到货时间	①确定临时设施和堆放场地 ②确定木材加工计划 ③确定水泥储存方式
2	特殊材料	①需要的品种、规格、数量 ②试制、加工和供应情况 ③进口材料和新材料	①制订供应计划 ②确定储存方式
3	主要设备	①主要工艺设备名称、规格、数量和供货单位 ②分批和全部到货时间	①确定临时设施和堆放场地 ②拟订防雨措施

表 4.7　建设地区社会劳动力和生活设施调查表

序号	项目	调查内容	调查目的
1	社会劳动力	①少数民族地区的风俗习惯 ②当地能提供的劳动力人数、技术水平、工资费用和来源 ③上述人员的生活安排	①拟订劳动力计划 ②安排临时设施
2	房屋设施	①必须在工地居住的单身人数和户数 ②能作为施工用的现有的房屋栋数,每栋面积,结构特征,总面积,位置,水、暖、电、卫、设备状况 ③上述建筑物的适宜用途,用作宿舍、食堂、办公室的可能性	①确定现有房屋为施工服务的可能性 ②安排临时设施
3	周围环境	①主副食品供应、日用品供应、文化教育、消防治安等机构能为施工提供的支援能力 ②邻近医疗单位至工地的距离,可能就医情况 ③当地公共汽车、邮电服务情况 ④周围是否存在有害气体、污染情况,有无地方病	安排职工生活基地

表4.8　参加施工的各单位情况调查表

序号	项目	调查内容
1	工人	①工人数量,分工种人数,能投入本工程施工的人数 ②专业分工及一专多能的情况、工人队组形式 ③定额完成情况、工人技术水平、技术等级构成
2	管理人员	①管理人员总数及所占比例 ②其中技术人员数、专业情况、技术职称和其他人员数
3	施工机械	①机械名称、型号、能力、数量、新旧程度、完好率,能投入本工程施工的情况 ②总装备程度 ③分配、新购情况
4	施工经验	①历年曾施工的主要工程项目、规模、结构、工期 ②习惯施工方法,采用过的先进施工方法,构件加工、生产能力及质量 ③工程质量合格情况,科研、革新成果
5	经济指标	①劳动生产率,年完成能力 ②质量、安全、降低成本情况 ③机械化程度 ④工业化程度设备、机械的完好率、利用率

注:①资料来源:参加施工的各单位

②调查目的:明确施工力量、技术素质,规划施工任务分配、安排

2.其他相关信息与资料的收集整理

在编制施工组织设计时,除施工图纸及调查所得的原始资料外,还可以收集相关的参考资料作为编制的依据。如施工定额、施工手册、各种施工规范、施工组织设计编写实例及平时施工实践活动中所积累的资料等。

技术点睛

原始施工资料收集和整理是施工准备工作的一项重要内容。对调查、收集到的资料应进行整理归纳、分析研究。对特别重要的资料,必须复查其数据的真实性和可靠性。

4.2　技术资料准备

技术资料准备即通常所说的"内业"工作,它是施工准备的核心,指导着现场施工准备工作,对于保证建筑产品质量,实现安全生产,加快工程进度,提高工程经济效益都具有十分重要的意义。其主要内容包括:熟悉与会审图纸、编制施工组织设计、编制施工图预算和施工预算等。

4.2.1　熟悉与会审图纸

审查设计图纸及其他技术资料时,应注意以下问题:

① 设计是否符合国家有关方针、政策和规定。

② 设计规模、内容是否符合国家有关的技术规范要求,尤其是强制性标准的要求,是否符合环境保护和消防安全的要求。

③ 建筑设计是否符合国家有关的技术规范要求,尤其是强制性标准的要求,是否符合环境保护和消防安全的要求。

④ 建筑平面布置是否符合核准的按建筑红线划定的详图和现场实际情况;是否提供符合要求的永久水准点或临时水准点位置。

⑤ 图纸及说明是否齐全、清楚、明确。

⑥ 建筑、结构、设备等图纸本身及相互之间是否有错误和矛盾,图纸与说明之间有无矛盾。

⑦ 有无特殊材料(包括新材料)要求,其品种、规格、数量能否满足需要。

⑧ 设计是否符合施工技术装备条件,如需采取特殊技术措施时,技术上有无困难,能否保证安全施工。

⑨ 地基处理及基础设计有无问题,建筑物与地下构筑物、管线之间有无矛盾。

⑩ 建(构)筑物及设备的各部位尺寸、轴线位置、标高、预留孔洞及预埋件、大样图及做法说明有无错误和矛盾。

图纸会审一般工程由建设单位组织并主持会议,设计单位交底,施工单位、监理单位参加。重点工程或规模较大及结构、装修较复杂的工程,如有必要可邀请各主管部门及消防、防疫与协作单位参加,会审的程序是:设计单位做设计交底,施工单位对图纸提出问题,有关单位发表意见,与会者讨论、研究、协商,逐条解决问题达成共识,组织会审的单位汇总成文,各单位会签,形成"图纸会审纪要"(表 4.9),会审纪要作为与施工图纸具有同等法律效力的技术文件使用。

表 4.9　图纸会审纪要

工程名称			编 号		
			日 期		
设计单位			专业名称		
地 点			页 数	共 页,第 页	
序 号	图 号	图纸问题	答复意见		
签字栏	建设单位	监理单位	设计单位	施工单位	

技 术 点 睛

审图时应审查工程的平面尺寸、立面尺寸;检查施工图中容易出错的部位;检查建筑图和施工图是否相对应;大样图标注是否准确。

4.2.2　编制施工组织设计

施工组织设计是施工单位在施工准备阶段编制的指导拟建工程从施工准备到竣工验收乃至保修回访的技术、经济、组织的综合性文件,也是编制施工预算、实行项目管理的依据,是施工准备工作的主要文件。它是在投标书施工组织设计的基础上,结合所收集的原始资料和相关信息资料,根据图纸及会审纪要,按照编制施工组织设计的基本原则,综合建设单位、监理单位、设计意图的具体要求进行编制,以保证工程好、快、省、安全、顺利地完成。

4.2.3　编制施工图预算和施工预算

在设计交底和图纸会审的基础上,施工组织设计已被批准,预算部门即可着手编制单位工程施工图预算和施工预算,以确定人工、材料和机械费用的支出,并确定人工数量、材料消耗数量及机械台班使用量等。

(1)编制施工图预算。施工图预算是由施工单位主持,在拟建工程开工前的施工准备工作期所编制的确定建筑安装工程造价的经济性文件,是施工企业签订工程承包合同、工程结算、银行拨贷款,进行企业经济核算的依据。

(2)编制施工预算。施工预算是根据施工图预算、施工图纸、施工组织设计或施工方案、施工定额等文件进行编制的企业内部的经济性文件,它直接受施工合同中合同价款的控制,是施工前的一项重要准备工作。它是施工企业内部控制各项成本支出、考核用工、签发施工任务书、限额领料,基层进行经济核算及进行经济活动分析的依据。

4.3　施工现场准备

施工现场的准备工作,主要是为了给施工项目创造有利的施工条件,是保证工程按计划开工和顺利进行的重要环节。

4.3.1　现场准备工作的范围及各方职责

施工现场准备工作由两个方面组成:一是建设单位应完成的施工现场准备工作;二是施工单位应完成的施工现场准备工作。建设单位与施工单位的施工现场准备工作均就绪时,施工现场就具备了施工条件。

1.建设单位施工现场准备工作

建设单位要按合同条款中约定的内容和时间完成以下工作:

(1)办理土地征用、拆迁补偿、平整施工场地等工作,使施工场地具备施工条件,在开工后继续负责解决以上事项遗留问题。

(2)将施工所需水、电、通信线路从施工场地外部接至专用条款约定地点,保证施工期间的需要。

(3)开通施工场地与城乡公共道路的通道,以及专用条款约定的施工场地内的主要道路,满足施工运输的需要,保证施工期间的畅通。

(4)向承包人提供施工场地的工程地质和地下管线资料,对资料的真实准确性负责。

(5)办理施工许可证及其他施工所需证件、批件和临时用地、停水、停电、中断道路交通、爆破作业等的申请批准手续(证明承包人自身资质的证件除外)。

(6)确定水准点与坐标控制点,以书面形式交给承包人,进行现场交验。

(7)协调处理施工场地周围的地下管线和邻近建筑物、构筑物(包括文物保护建筑)、古树名木的保护工作,承担有关费用。

上述施工现场准备工作,承发包双方也可在合同专用条款内交由施工单位完成,其费用由建设单位承担。

2.施工单位现场准备工作

施工单位现场准备工作即通常所说的室外准备,施工单位应按合同条款中约定的内容和施工组织设计的要求完成以下工作:

（1）根据工程需要，提供和维修非夜间施工使用的照明、围栏设施，并负责安全保卫。

（2）按专用条款约定的数量和要求，向发包人提供施工场地办公和生活的房屋及设施，发包人承担由此发生的费用。

（3）遵守政府有关主管部门对施工场地交通、施工噪声以及环境保护和安全生产等的管理规定，按规定办理有关手续，并以书面形式通知发包人，发包人承担由此发生的费用，因承包人责任造成的罚款除外。

（4）按专用条款约定做好施工场地地下管线和邻近建筑物、构筑物（包括文物保护建筑）、古树名木的保护工作。

（5）保证施工场地清洁符合环境卫生管理的有关规定。

（6）建立测量控制网。

（7）工程用地范围内的"三通一平"，其中平整场地工作应由其他单位承担，但建设单位也可要求施工单位完成，费用仍由建设单位承担。

（8）搭设现场生产和生活用的临时设施。

4.3.2 拆除障碍物

施工现场内的一切地上、地下障碍物，都应在开工前拆除。这项工作一般由建设单位来完成，但也有委托施工单位来完成的。如果由施工单位来完成这项工作，一定要事先摸清现场情况，尤其是在城市的老区中，由于原有建筑物和构筑物情况复杂，而且往往资料不全，在拆除前需要采取相应的措施，防止发生事故。

4.3.3 建立测量控制网

建筑施工工期长，现场情况变化大，因此，保证控制网点的稳定、正确，是确保建筑施工质量的先决条件，特别是城区建设障碍多，通视条件差，给测量工作带来一定的难度，施工时应根据建设单位提供的由规划部门给定的永久性坐标和高程，按建筑总平面图上的要求，进行现场控制网点的测量，妥善设立现场永久性标桩，为施工全过程的投测创造条件。

建筑物定位放线，一般通过设计图中平面控制轴线来确定建筑物位置，测定并经自检合格后提交有关部门和建设单位或监理人员验线，以保证定位的准确性。沿红线的建筑物放线后，还要由城市规划部门验线以防止建筑物压红线或超红线，为正常顺利施工创造条件。

4.3.4 "三通一平"

"三通一平"包括在拟建工程施工范围内的施工用水、用电、道路接通和平整施工场地。随着社会的进步，在现代实际工程施工中，往往不仅仅需要水通、电通、路通，而对施工现场有更高的要求，如气通（供煤气）、热通（供蒸汽）、话通（通电话）、网通（通网络）等。

（1）水通。施工用水包括生产、生活与消防用水，按施工总平面布置图的规划进行，施工给水尽可能与永久性的给水系统结合起来。临时管线的铺设，既要满足施工用水的需用量，又要施工方便，并且尽量缩短管线的长度，以降低工程的成本。

（2）电通。施工现场用电包括施工生产用电和生活用电。开工前，要按照施工组织设计的要求，接通电力和电信设施。电源首先应考虑从建设单位给定的电源上获得，如其供电能力不能满足施工用电需要，则应考虑在现场建立自备发电系统，确保施工现场动力设备和通信设备的正常运行。

（3）路通。拟建工程开工前，必须按照施工总平面图的要求，修建必要的临时性道路，为节约临时工程费用，缩短施工准备工作时间，尽量利用原有道路设施或拟建永久性道路解决现场道路问题，使现场施工用道路的布置确保运输和消防用车等的行驶畅通。

（4）平整施工场地。清除障碍物后，即可进行场地平整工作，按照建筑施工总平面、勘测地形图和场地平整施工方案等技术文件的要求，通过测量，计算出填挖土方工程量，设计土方调配方案，确定平整场地的施工方案，组织人力和机械进行平整场地的工作。

4.3.5　搭设临时设施

生产及生活用临时设施，包括各种仓库、搅拌站、加工厂作业棚、宿舍、办公用房、食堂、文化生活设施等，均应按批准的施工组织设计的要求组织搭设，并尽量利用施工现场或附近原有设施（包括要拆迁但可暂时利用的建筑物）和在建工程本身供施工使用的部分用房，尽可能减少临时设施的数量，以便节约用地，节省投资。

为了施工方便和行人的安全及文明施工，应用围墙将施工用地围护起来，围墙的形式、材料和高度应符合市容管理的有关规定和要求，并在主要出入口设置标牌挂图，标明工程项目名称、施工单位、项目负责人等。

4.4　施工现场人员及生产资料准备

4.4.1　施工现场人员准备

施工现场人员准备包括施工管理层和作业层两大部分，这些人员的合理选择和配备，将直接影响到工程质量与安全、施工进度及工程成本，因此，劳动组织准备是开工前施工准备的一项重要内容。

1. 项目组织机构建设

对于实行项目管理的工程，建立项目组织机构就是建立项目经理部。施工企业建立项目经理部，要针对工程特点和建设单位要求，根据有关规定进行精心组织安排，认真抓实、抓细、抓好。

2. 建立施工队伍

（1）组织施工队伍，要认真考虑专业工程的合理配合，技术工人和普通工人的比例要满足合理的劳动组织要求。按组织施工方式的要求，确定建立混合施工队组或是专业施工队组及其数量。

（2）集结施工力量，组织劳动力进场。项目经理部确定之后，按照开工日期和劳动力需要量计划组织劳动力进场。

3. 施工组织设计的落实和技术交底工作

进行该工作的目的是把施工项目的设计内容、施工计划和施工技术等要求，详尽地向施工队组和工人讲解交代。

4.4.2　施工现场生产资料准备

生产资料准备是指施工中必需的施工机械、工具和材料、构（配）件等的准备，是一项较为复杂而又细致的工作，建筑施工所需的材料、构（配）件、机具和设备品种多且数量大，能否保证按计划供应，对整个施工过程的工期、质量和成本，有着举足轻重的作用。

(1)做好建筑材料需要量计划和货源安排计划,作为备料、供料和确定仓库、堆场面积及组织运输的依据。

(2)构(配)件及设备向有关厂家提出加工订货计划要求。

(3)组织材料、构配件按计划进场,按施工平面布置图做好存放及保管工作。

4.5 冬雨季施工准备

建筑工程施工绝大部分工作是露天作业,受气候影响比较大,因此,在冬季、雨季施工中,必须从具体条件出发,正确选择施工方法,做好季节性施工准备工作,以保证按期、保质、安全地完成施工任务,取得较好的技术经济效果。

4.5.1 冬季施工准备

(1)合理安排施工进度计划。冬季施工条件差,技术要求高,费用增加,因此,要合理安排施工进度计划,尽量安排保证施工质量且费用增加不多的项目在冬季施工,如吊装、打桩、室内装饰装修等工程;而费用增加较多又不容易保证质量的项目则不宜安排在冬季施工,如土方、基础、外装修、屋面防水等工程。

(2)安排专人测量施工期间的室外气温、暖棚内气温、砂浆温度、混凝土的温度并做好记录。

(3)根据实物工程量提前组织有关机具、外加剂和保温材料、测温材料进场。

(4)搭建加热用的锅炉房、搅拌站、敷设管道,对锅炉进行试火试压,对各种加热的材料、设备要检查其安全可靠性。

(5)做好室内施工项目的保温,如先完成供热系统,安装好门窗玻璃等,以保证室内其他项目能顺利施工。

(6)做好冬季施工混凝土、砂浆及掺外加剂的试配试验工作,提出施工配合比。

(7)对现场火源要加强管理;使用天然气、煤气时,要防止爆炸;使用焦炭炉、煤炉或天然气、煤气时,应注意通风换气,防止煤气中毒。

4.5.2 雨季施工准备

(1)合理安排雨季施工。在雨季到来之前,应多安排完成基础、地下工程、土方工程、室外及屋面工程等不宜在雨季施工的项目;多留些室内工作在雨季施工。

(2)加强施工管理,做好雨季施工的安全教育。

(3)防洪排涝,做好现场排水工作。

(4)做好道路维护,保证运输畅通。雨季前检查道路边坡排水,适当提高路面,防止路面凹陷,保证运输畅通。

(5)做好物资的储存工作。雨季到来前,应多储存物资,减少雨季运输量,以节约费用。要准备必要的防雨器材,库房四周要有排水沟渠,防止物资淋雨浸水面变质,仓库要做好地面防潮和屋面防漏雨工作。

(6)做好机具设备等防护工作。雨季施工,对现场的各种设施、机具要加强检查,特别是对脚手架、垂直运输设施等,要采取防倒塌、防雷击、防漏电等一系列技术措施,现场机具设备(焊机、闸箱等)要有防雨措施。

4.6　施工准备工作计划与开工报告

4.6.1　施工准备工作计划

为了落实各项施工准备工作,加强检查和监督,必须根据各项施工准备的内容、时间和人员,编制出施工准备工作计划,见表4.10。

表 4.10　施工准备工作计划表

序号	施工准备工作	简要内容	要求	负责单位	负责人	配合单位	起止日期		备注
							月　日	月　日	

4.6.2　开工报告

1.准备开工

施工准备工作计划编制完成后,应进行落实和检查到位情况。因此,开工前应建立严格的施工准备工作责任制和施工准备工作检查制度,不断协调和调整施工准备工作计划,把开工前的准备工作落到实处。工程开工还应具备相关开工条件和遵循工程基本建设程序,才能填写开工报审表,其格式示例见表4.11。

表 4.11　工程开工报审表

工程名称：　　　　　　　　　　　　　　　　　　　　　　　　　　　编号：

致：

　　我方承担的　　　　　　　　　工程,已完成了以下各项工作,具备了开工/复工条件,特此申请施工,请核查并签发开工/复工指令。

　　附:1.开工/复工报告

　　　　2.开工/复工文件证明材料

承包单位(章)　　　　　　　　

项目监理　　　　　　　　

日　　期　　　　　　　　

审查意见：

项目监理机构(章)　　　　　　　　

项目监理工程师　　　　　　　　

日　　期　　　　　　　　

2.工程开工应具备的条件

(1)施工许可证已获政府主管部门批准。

(2)征地拆迁工作能满足工程进度的需要。

(3)施工组织设计已获总监理工程师批准。

(4)施工单位现场管理人员已到位,机具、施工人员已进场,主要工程材料已落实。

(5)进场道路及水、电、通风等已满足开工要求。

上述条件满足后,施工单位应向监理单位报送工程开工报审表及开工报告、证明文件等,由总监理工程师签发,并报送建设单位。

3.填写开工报告

当工程满足开工条件,已经办理了施工许可证,项目经理部应申请开工报告,报上级批准后才能开工。实行监理的工程,还应将开工报告送监理工程师审批,由监理工程师签发开工通知书。其格式示例见表4.12。

表4.12 工程开工报告

工程名称		建设单位		设计单位		施工单位	
工程地点		结构类型		建筑面积		层数	
工程批准文号			施工准备工作情况	施工许可证办理情况			
预算造价				施工图纸会审情况			
计划开工日期	年 月 日			主要物质准备情况			
计划竣工日期	年 月 日			施工组织设计编审情况			
实际开工日期	年 月 日			三通一平情况			
合同工期				工程预算编制情况			
合同编号				施工队伍进场情况			
审核意见	建设单位意见: 建设单位(章): 建设单位项目负责人(章): 年 月 日	项目监理机构意见: 项目监理机构(章): 总监理工程师(章): 年 月 日		施工企业意见: 施工企业(章): 负责人(章): 年 月 日		施工单位意见: 施工单位(章): 施工单位项目负责人(章): 年 月 日		

本表由施工单位填报,建设单位、监理单位、施工单位各存一份

【案例实解】

某实施监理的工程,建设单位与施工单位按照《建设工程施工合同(示范文本)》签订了施工合同。项目监理机构批准的施工进度计划各项工作均按最早开始时间安排,匀速进行。

施工过程中发生如下事件。

事件一:施工准备期间,由于施工设备未按期进场,施工单位在合同约定的开工日前第5天向项目经理机构提出延期开工的申请,总监理工程师审核后给予书面回复。

事件二:施工准备完毕后,项目监理机构审查"工程开工报审表"及相关资料后认为:施工许可证已获政府主管部门批准,征地拆迁工作满足工程进度需求,施工单位现场管理人员已到位,但其他开工条件尚不具备。总监理工程师不予签发"工程开工报审表"。

问题:

(1)总监理工程师是否应批准事件一中施工单位提出的延期开工申请?说明理由。

(2)根据《建设工程监理规范》,该工程还应具备哪些开工条件,总监理工程师方可签发"工程开工报审表"?

分析:

(1)不应批准延期开工申请。理由:根据《施工合同规范文本》规定:如果承包人不能按时开工,应在协议约定的开工日期前7天以书面形式向监理工程师提出延期开工的理由和要求,所以不应批准。

(2)该工程开工,还应具备以下条件:①施工组织设计已经经总监理工程师批准。②测量控制桩、线已查验合格。③承包单位项目经理部现场管理人员已到位,机具、施工人员已进场,主要工程材料已落实。④施工现场道路、水、电、通信等已满足开工要求。

基础同步

一、选择题

1.施工准备工作的内容一般可归纳为(　　)方面。

A.3个　　　　　　B.4个　　　　　　C.5个　　　　　　D.6个

2.图纸会审分为自审、会审和(　　)阶段。

A.设计　　　　　　B.验收　　　　　　C.现场签证　　　　D.交底

3.施工现场准备工作的主要内容包括(　　)、测量放线和搭设临时设施。

A.安全设施　　　　B.三通一平　　　　C.消防设施　　　　D.生活设施

4.施工图纸的会审一般由(　　)组织并主持会议。

A.建设单位　　　　B.施工单位　　　　C.设计单位　　　　D.监理单位

5.施工准备工作基本完成后,具备了开工条件,应由(　　)向有关部门报送开工报告。

A.建设单位　　　　B.施工单位　　　　C.设计单位　　　　D.监理单位

二、简答题

1.施工准备工作的内容和要求是什么?

2.工程开工应具备哪些条件?开工报告包括哪些方面的内容?

3.技术准备包括哪些内容?

4.图纸会审包括哪些内容?

5.施工现场准备包括哪些内容?

一、收集题

请收集本地的自然条件资料,编写一份自然条件调查表。

二、案例分析

背景：

某30层写字楼工程建设项目其初步设计已经完成，建设用地和筹资也已落实，某600人的建筑工程公司，凭借350名工程技术人员、15名国家一级资质的项目经理的雄厚实力，以及近十年来的优秀业绩，通过竞标取得了该项目的总承包任务，并签订了工程承包合同。开工前，承包单位进行了充分的准备工作。施工单位向监理单位报送工程开工报告后，项目经理下令开工。

问题：

(1)项目经理下令开工是否正确？为什么？

(2)单位工程开工前应具备什么条件？

(3)单位工程施工准备工作内容有哪些？

(4)施工准备计划应确定哪些内容？

项目5 施工管理计划的制订

【知识目标】

1. 熟悉各项施工管理计划的内容；
2. 了解各项施工管理计划的目标；
3. 熟悉各项施工管理计划的制度和体系；
4. 掌握各项施工管理计划的措施。

【技能目标】

针对不同工程能够制订质量、进度、安全、成本、环境保护、文明施工等管理计划。

【课时建议】

6 课时

5.1 主要施工管理计划简介

5.1.1 主要施工管理计划的内容

主要施工管理计划是指在管理和技术经济方面对保证进度、质量安全、成本、环境保护等管理目标的实现所采取的方法和措施。一般来说,施工组织设计中的施工管理计划应包括进度管理计划、质量管理计划、安全管理计划、环境管理计划、成本管理计划以及文明施工管理计划等内容。

5.1.2 主要施工管理计划的制订要求

主要施工管理计划是施工组织设计中不可缺少的重要内容,其中任何一项内容都必须在严格执行现行国家、行业和地方的有关法律、法规、施工验收规范、标准和操作规程等前提下,结合工程施工特点、难点和施工现场的实际情况来拟定的管理措施。

1. 进度管理计划

这部分内容主要从组织上、资源上、计划上、技术上、经济上和合同上以及针对不同的施工阶段制定进度管理的措施。具体可以从以下几个方面来考虑:

(1)项目施工进度管理应按照项目施工的技术规律和合理的施工顺序进行,保证各工序在时间上和空间上顺利衔接。

(2)对项目施工进度计划进行逐级分解,通过阶段性目标的实现保证最终工期目标的完成。

(3)建立施工进度管理的组织机构并明确职责,制定相应管理制度。

(4)针对不同施工阶段的特点,制定进度管理的相应措施,包括施工组织措施、技术措施和合同措施等。

(5)建立施工进度动态管理机制,及时纠正施工过程中的进度偏差,并制定特殊情况下的赶工措施。

(6)根据项目周边环境特点,制定相应的协调措施,减少外部因素对施工进度的影响。

2. 质量管理计划

保证工程质量的关键是明确质量目标,建立质量保证体系,对工程对象经常发生的质量通病制定防范措施。制订质量管理计划,可以从整个单位工程的质量要求提出,也可以按照各项主要分项工程的施工质量要求提出。对采用的新技术、新工艺、新材料和新结构,必须制定有针对性的技术措施。质量管理计划可参照《质量管理体系 要求》国家标准第 1 号修改单(GB/T 19001—2008/XG1—2011),在施工单位质量管理体系的框架内,按项目具体要求编制。质量管理计划可以从以下几个方面考虑:

(1)按照项目具体要求确定质量目标并进行目标分解,质量指标的内容应具有可测性。应制定具体的项目质量目标,质量目标应不低于工程合同明示的要求,质量目标应尽可能地量化和细化。

(2)建立项目质量管理的组织机构并明确职责。

(3)制定符合项目特点的技术和资源保障措施,通过可靠的预防控制措施,保证质量目标的实现。

(4)建立质量过程检查制度,并对质量事故的处理做出相应规定。

3. 安全管理计划

施工组织设计中安全管理计划是为了确保工程的顺利进行和避免不必要的意外损失,在吸取以往工程的经验教训基础上,对预防施工过程中可能发生的一些问题,提出具体的管理和技术方面的改进措施。

安全管理计划编写时,不仅要从组织管理上采取措施,还要贯彻安全操作规程,对施工中可能发生安全问题的环节进行预测,提出预防措施。如果在施工中采用新技术,应针对新技术项目制定专门的安全技术措施。安全管理计划可参照《职业健康安全管理体系 要求》(GB/T 28001—2011),在施工单位安全管理体系的框架内编制,并应符合国家和地方政府部门的要求。安全管理计划主要从以下几个方面考虑:

(1)确定项目重要危险源,制定项目职业健康安全管理目标。

(2)建立有管理层次的项目安全管理组织机构并明确职责。

(3)根据项目特点,进行职业健康安全方面的资源配置。

(4)建立具有针对性的安全生产管理制度和职工安全教育培训制度。

(5)针对项目重要危险源,制定相应的安全技术措施;对达到一定规模的危险性较大的分部(分项)工程和特殊工种的作业应制订专项安全技术措施的编制计划。

(6)根据季节、气候的变化,制定相应的季节性安全施工措施。

(7)建立现场安全检查制度,并对安全事故的处理做出相应规定。

4. 环境管理计划

环境管理计划可参照《环境管理体系 要求及使用指南》(GB/T 24001—2004),在施工单位环境管理体系的框架内编制,并应符合国家和地方政府部门的要求。环境管理计划可以从以下几个方面考虑:

(1)确定项目重要环境因素,制定项目环境管理目标。

(2)建立项目环境管理的组织机构并明确职责。

(3)根据项目特点,进行环境保护方面的资源配置。

(4)制定现场环境保护的控制措施。

(5)建立现场环境检查制度,并对环境事故的处理做出相应规定。

5. 成本管理计划

成本管理计划的内容主要包括制定降低工程成本的组织、技术和经济方面的管理措施。

成本管理计划制订时应以项目施工预算和施工进度计划为依据进行编制。要通过科学的管理方法和采用先进技术降低工程成本,要针对施工中降低成本潜力大的项目,提出措施。这些措施必须是不影响质量,能保证施工,能保证安全的,并要正确处理好降低成本、提高质量和缩短工期三者的关系,对措施要计算经济效果。成本管理计划可以从以下几个方面考虑:

(1)根据项目施工预算,制定项目施工成本目标。

(2)根据施工进度计划,对项目施工成本目标进行阶段分解。

(3)建立施工成本管理的组织机构并明确职责,制定相应管理制度。

(4)采取合理的技术、组织和合同等措施,控制施工成本。

(5)确定科学的成本分析方法,制定必要的纠偏措施和风险控制措施。

6. 文明施工管理计划

文明施工是指保持施工现场良好的作业环境、卫生环境和工作秩序。主要包括:规范施工现场的场容,保持作业环境的整洁卫生;科学组织施工,使生产有序进行;减少施工对周围居民和环境的影响;遵守施工现场文明施工的规定和要求,保证职工的安全和身体健康。文明施工管理计划可以从以下几个方面考虑:

(1)加强现场文明施工的组织措施。

(2)针对现场文明施工的各项要求,落实现场文明施工的各项管理措施。

(3)结合相关标准和规定,建立检查考核制度。

(4)抓好文明施工建设工作。

技 术 点 睛

施工管理计划应包括进度管理计划、质量管理计划、安全管理计划、环境管理计划、成本管理计划以及文明施工管理计划等内容。

5.2　进度管理计划

5.2.1　施工进度控制目标

项目施工进度控制应以实现合同约定的竣工日期为最终目标。只有确定了进度控制目标才能编制进度管理计划,才能有效地进行进度管理。

保证工程项目按期建成交付使用,是建设工程施工阶段进度控制的最终目的。为了有效地控制施工进度,首先要将施工进度总目标从不同角度进行层层分解,形成施工进度控制目标体系,从而作为实施进度控制的依据。

确定施工进度控制目标的主要依据有:建设工程总进度目标对施工工期的要求;工期定额、类似工程项目的实际进度;工程难易程度和工程条件的落实情况等。在确定施工进度分解目标时,还要考虑以下各个方面:

(1)对于大型建设工程项目,应集中力量分期分批建设,以便尽早投入使用,尽快发挥投资效益。

(2)合理安排土建与设备的综合施工。

(3)结合本工程的特点,参考同类建设工程的经验来确定施工进度目标。

(4)做好资金供应能力、施工力量配备、物资(材料、构配件、设备)供应能力与施工进度的平衡工作,确保工程进度目标的要求而不使其落空。

(5)考虑外部协作条件的配合情况。

(6)考虑工程项目所在地区地形、地质、水文、气象等方面的限制条件。

技 术 点 睛

保证工程项目按期建成交付使用,是建设工程施工阶段进度控制的最终目的。

5.2.2　施工进度计划分解

为了有效地控制施工进度,尽可能摆脱因进度压力而造成工程组织的被动,施工方有关管理人员应深化理解施工进度计划。施工进度计划可根据项目实施程序、施工阶段、承建单位及建设规模等进行分解。

(1)按项目实施程序,施工进度计划可分解为准备阶段进度计划、正式施工阶段进度计划和竣工收尾阶段进度计划。

(2)按项目施工阶段,施工进度计划可分解为基础工程施工进度计划、主体结构工程施工进度计划、屋面工程施工进度计划、楼地面工程施工进度计划、装饰工程施工进度计划及其他工程施工进度计划。

(3)按项目承建单位施工进度计划可分解为总包方的施工总进度计划、各分包方的项目施工进度计划。

(4)按项目建设规模施工进度计划可分解为施工项目总进度计划、单位工程施工进度计划、分部分项工程施工进度计划和季、月、旬作业计划。

5.2.3 施工进度管理的组织机构

建立以项目经理为首的组织管理体系,配足专业施工技术管理人员,组建有特色的项目经理部,全面代表公司组织、管理本项目的质量、安全、工期、成本、合同等工作。明确项目经理部的管理体系和各类管理人员所在项目上承担的任务及岗位职责,做到分工明确、责任到人。

5.2.4 施工进度管理措施

建设项目要在保证质量和安全的基础上,确保施工进度,以总进度为依据分解进度计划,以各项管理、技术措施为保证,进行施工全过程控制。施工进度管理是一个循环渐进的动态控制过程,施工现场的条件和情况千变万化,项目经理部要及时了解和掌握与施工进度有关的各种信息,不断将实际进度与计划进度相对比,一旦发现偏差,应及时分析原因,以及对后续工作产生的影响,并采取各种有效措施进行调整,如图5.1所示。

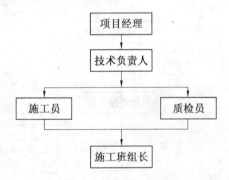

图5.1 进度保证体系

1. 组织措施

(1)项目经理部由公司授权,按照企业项目管理标准模式建立的质量保证体系来运作,形成以全面质量管理为中心环节,以专业管理和计算机管理相结合的科学化管理体制。

(2)采用科学组织计划管理的方式,保证工程工期。

(3)进度保证体系建立。进度保证体系可参考图5.1。

2. 技术措施

对于本工程的施工,需全面考虑施工时间限制等一切不利因素,做好充分准备,积极预防各种突发的不利情况对施工造成的影响。具体包括:

（1）积极采用新材料、新工艺、新技术，保证进度目标实现。

（2）落实施工方案，能适时调整工作之间的逻辑关系。

（3）优化施工方案，充分发挥整体综合优势，依靠先进的管理水平、丰富的施工经验和施工技术水平，使施工方案更具有科学性、指导性。

（4）技术人员认真阅读图纸，制定出行之有效的施工方案，保证各项工序在符合设计及施工规范的前提下进行，避免返工、返修现象，合理安排流水段施工，加快施工进度。

（5）混凝土掺入早强剂，实现提前拆模；拆模后及时进行钢筋的保护层检测，为提前进行砌体施工创造条件。为有效控制混凝土板裂缝，板施工采取二次振捣、二次抹压方法，保证质量、工期目标实现。

（6）做好冬季、雨期施工安排，采取切实可行的施工措施，连续施工。

（7）做好工程放线工作，减少因控制线超出允许误差而造成的返工、窝工等。

（8）加强与业主、设计、监理单位的联系，为工程顺利施工创造通畅的环境。

（9）建立进度计划动态管理模式，加强工期监控。进度计划管理的宗旨是以实现总工期为目标，以控制关键节点工期为主干，以滚动计划为链条，确保计划的衔接。

施工进度计划管理流程如图 5.2 所示。

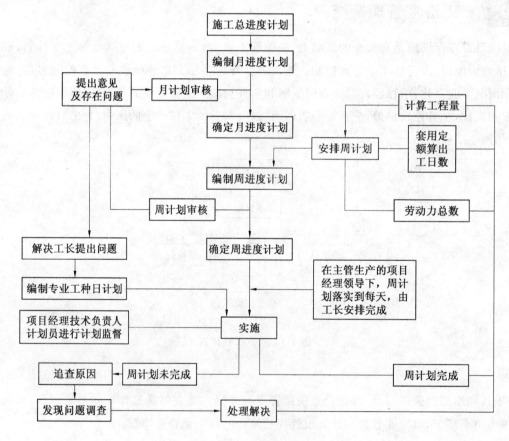

图 5.2　施工进度计划管理流程图

技术点睛

为确保施工进度，应以总进度为依据分解进度计划，以各项组织、技术措施为保证，进行施工全过程控制。

5.3 质量管理计划

5.3.1 质量管理目标

建设工程项目质量总目标是满足相关标准及合同要求(如"合格"工程、"创优"工程等)。

质量目标可分解为下列分目标:

1.单位工程质量目标

(1)工程所含分部工程的质量验收均应合格。

(2)质量控制资料完整。

(3)单位工程所含分部工程有关安全和功能的检测资料完整。

(4)主要功能项目的抽查结果符合相关专业质量验收规范的规定。

(5)观感质量验收符合要求。

2.分部工程质量目标

(1)分部工程所含分项工程的质量均应验收合格。

(2)质量控制资料完整。

(3)地基与基础、主体结构和设备安装等分部工程有关安全及功能的检验和抽样检测结果均达到有关规定。

(4)感观质量符合要求。

3.分项工程质量目标

(1)分项工程所含的检验批均应符合合格质量规定。

(2)分项工程所含检验批的质量验收记录齐全、完整。

4.检验批质量目标

(1)主控项目全部合格,一般项目的质量抽样检验合格。

(2)具有完整的施工操作依据、质量检查记录。

5.3.2 质量保证体系

质量保证体系是运用科学的管理模式,以质量为中心所制定的保证质量达到要求的循环系统,可分为施工质量保证体系、施工质量管理体系两大部分。

1.施工质量保证体系的设置

施工质量保证体系是按科学的程序运转,通过计划、实施、检查、处理4个阶段把经营和生产过程的质量有机地联系起来,形成一个高效的体系来保证施工质量达到要求。

首先,以提出的质量目标为依据,编制相应的分项工程质量目标计划,这个分项工程质量目标计划应使所有项目参与管理的全体人员均熟悉了解,做到心中有数。

其次,在目标计划制订后,施工现场管理人员应编制相应的工作标准交施工班组实施,在实施过程中进行方式、方法的调整,以使工作标准完善。

再次,在实施过程中,无论是施工工长还是质检人员均要加强检查,在检查中发现问题并及时解决,以使所有质量问题解决于施工之中,并同时对这些问题进行汇总,形成书面材料,以保证在今后或下次施工时不再出现类似问题。

最后,在实施完成后,对成型的建筑产品或分部工程分次成型产品进行全面检查,以发现问题。追查原因,对不同产生原因进行不同的处理方式,从人、物、方法、工艺、工序等方面进行讨论,并产生改进意见,再根据这些改进意见而使施工工序进入下次循环。

2.施工质量管理体系

施工质量管理体系是通过质量管理来达到控制质量的目的,故质量的优劣是对项目班子质量管理能力的最直接的评价,同样质量管理体系设置的科学性对质量管理工作的开展起到决定性的作用。

施工质量管理组织机构如图5.3所示。

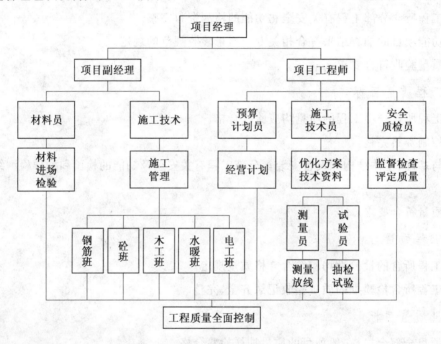

图5.3 施工质量管理组织机构

(1)施工质量管理职责。施工质量管理体系中最重要的是质量管理职责,应根据质量管理组织机构,建立岗位责任制和质量监督制度,明确分工职责,落实施工质量控制责任,各岗位各行其职。

(2)施工质量管理体系。施工质量管理体系的设置及运转均要围绕质量管理职责、质量控制来进行的,只有在职责明确、控制严格的前提下,才能使质量管理体系落到实处。施工质量管理体系如图5.4所示。

(3)施工质量保证体系。施工质量控制体系主要是围绕"人、机、物、环、法"五大要素进行的,任何一个环节出了差错,则势必使施工的质量达不到相应的要求,故在质量保证计划中,对施工过程中的五大要素的质量保证措施必须予以明确的落实。

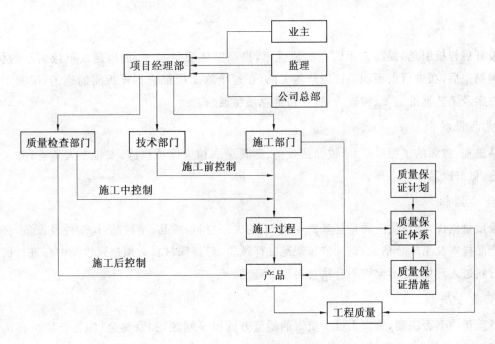

图5.4　施工质量管理体系

5.3.3　质量管理制度

质量管理制度包括质量责任制度、三检制、样板制、成品保护制、合格证制、质量否决制等。

1. 质量责任制度

人是工程施工的操作者、组织者和指挥者。人既是控制的动力又是控制的对象;人是质量的创造者,也是不合格产品、失误和工程质量事故的制造者。因此,在整个现场质量管理的过程中,应该以人为中心,建立质量责任制,明确从事各项质量管理活动人员的职责和权限,并对工程项目所需的资源和人员资格做出规定。

(1)职责和权限。

①明确规定工程项目领导和各级管理人员的质量责任。

②明确规定从事各项质量管理活动人员的责任和权限。

③规定各项工作之间的衔接、控制内容和控制措施。

④定期、不定期地检查工程质量控制和质量保证情况,并做出客观的评价。

(2)人员资格。

①项目经理、主要领导及专业管理人员应具备必需的专业技能和领导素质。

②根据项目规模,配备专职的经过培训的质量检查员。

③施工管理人员、班组长、操作人员应具备相应的管理业务水平和技术操作能力。

④关键、特殊岗位人员必须持证上岗。

2. 三检制

严格按技术规范、工艺流程、质量标准进行施工,实行施工部位挂牌记名制,坚持三检制,即"自检、互检、交接检",各基层单位的技术、质量主管部门要做到事前交底、过程控制及事后验收评定工作,确保达到质量规定的标准。

3. 样板制

积极开展样板引路,提高工程的一次成优率,提高整体质量水平,创出建设单位满意的优质工程。主体结构结束后,在进行大面积装饰装修施工前,在每个施工段都进行样板间的施工,按制定的装修工程施工方案及工艺标准施工、检查质量,严格消除质量通病。

4. 成品保护制

对易破损、破坏的工程成品、半成品或设备、器具采取相应保护措施,安排专人负责,并采取相应的奖惩措施,做好成品保护工作。

5. 合格证制

工程质量创优,物质供应质量是基础,工程上的大宗材料,成品、半成品,构配件及设备,必须要求供方提供产品样本及出厂合格证,试验室按规范抽样试验,对特殊材料必须送到检测中心进行试验。杜绝不合格材料进入现场,更不允许不合格材料用于施工。

6. 质量否决制

坚持质量一票否决制,管理人员所负责的质量方面出了问题,扣发奖金;施工分项没有达到规定标准,不予确认工程量,不予拨付工程款。

7. 现场会议制度

施工现场必须建立、健全和完善现场会议制度,及时分析、通报工程质量状况,并协调有关单位间的业务活动,通过现场会议制度实现建设(监理)单位和施工单位现场质量管理部门之间以及施工现场各个专业施工队之间的合理沟通,确保各项管理指令传达的畅通,最终使施工的各个环节在相应管理层次的监督下有序进行。现场会议制度能够使建设项目的各方主体得到有效的沟通,使施工在受控状态下进行,最终使各个相关方满意。

8. 质量奖罚制

根据工程质量标准,制定奖罚制度。在施工过程中。按照双方约定的合同条款执行,做到奖罚分明。通过奖优罚劣,促使施工人员进一步加强责任感,把工作做得更精细、更认真,避免不必要的质量问题发生或杜绝今后再发生类似的质量问题。

9. 坚持标准化制

对工艺做法、日常工作程序要形成标准化,做到事事有标准,人人按标准。

10. 施工过程控制制度

由于工程实物质量的形成过程是一个系统的过程,所以施工阶段的质量控制也是一个由对投入原材料的质量控制开始,直到工程完成、竣工验收为止的全过程的系统控制过程。

质量控制的范围包括对参与施工的人员的质量控制,对工程使用的原材料、构配件和半成品的质量控制,对施工机械设备的质量控制,对施工方法和方案的质量控制,对生产技术、劳动环境、管理环境的质量控制等。

在对施工全过程质量控制的原则中,也包含了对工程质量问题"预防为主"的内容,即事先分析在施工中可能产生的质量问题,提出相应的对策和措施,将各种隐患和问题消除在产生之前或萌芽状态。

11. 现场质量检验制度

工程项目的质量是指工程建设过程中形成的工程项目应满足用户从事生产、生活所需的功能和使用价值,应符合设计要求和合同规定的质量标准。为了确保工程项目的质量就要采取一系列的质量监控措施、手段和方法对工程实体的施工质量进行监控,而通过在施工现场建立并实施严格的质量检验制度能够最有效地保证工程项目达到规定的质量标准。

12. 质量统计报表制度

质量统计报表制度是指对已完成的检验批、分项工程、分部工程的质量评定情况进行统计分析,以施工过程中的监测、测量数据和验收评定结果为依据,通过应用适当的统计方法,对现场的质量情况做出科学的分析,进而为现场质量管理的有效性、产品的符合性以及施工过程的特性和趋势进行揭示,为制定预防措施提供依据,最终实现现场质量管理的持续改进。

13. 质量事故报告和处理制度

工程建设过程中,由于设计失误,原材料、半成品、构配件、设备不合格,施工工艺、施工方法错误,施工组织、指挥不当等责任过失的原因造成工程质量不符合质量标准和设计要求,或造成工程倒塌、报废或重大经济损失的事故,都是工程质量事故。

建立和执行质量事故报告和处理制度是指在质量事故发生后由有关人员进行质量事故的识别和评审,分析产生质量事故的原因,并制定处理质量事故的措施,经相应责任部门审核批准后进行处理,并经相关部门复核验收。

5.3.4 技术保障措施

1. 坚持图纸内审制
施工前,项目经理组织项目部有关管理人员进行图纸内审,把发现问题汇总后在图纸会审中提出。

2. 规范学习制度
组织项目部管理人员定期学习施工规范,特别是要及时了解规范更新信息。

3. 编制施工方案
严格执行施工规范和工艺标准,认真编制分部分项工程施工方案,每道工序都坚持方案先行、逐级审核的制度。

4. 技术交底
以设计图纸、施工方案、工艺规程和质量验评标准为依据,编制技术交底文件,注重可操作性,以保证质量为目的,使参与施工的人员了解所担负施工任务的设计意图、施工特点、技术要求、质量标准及"四新"技术的特殊要求等。

5. 试验管理
(1)项目部设专职试验员,负责试验工作。
(2)编制试验计划,按照试验计划做好原材料及施工试验的取样试验工作。
(3)贯彻原材料先试验后使用的原则,凡规范规定进场必须复试的材料,须经复试合格后方可使用,同时,加强计量管理。

6. 物资管理
根据 ISO 9001 质量标准和公司物资采购手册,项目物资部负责统一采购、供应与管理,对所有进场物资进行严格的质量检验与控制,并向总包方提供质量证明材料,对需要做复试的原材料,必须按规定及时取样试验。

7.施工技术资料、工程档案管理

施工技术资料、工程档案管理按《建筑工程资料管理规程》(JGJ/T 185—2009)的要求收集、整理和编制。项目部设专职资料档案员管理,按要求进行工程档案归档。工程技术档案管理分为施工技术资料档案和竣工技术资料档案以及经营、管理、核算资料档案。

(1)认真熟悉审查图纸,正确贯彻按图施工的原则,土建安装必须组织共同会审,以解决图纸错漏及交接部分的矛盾,合理解决材料代用问题,认真做好图纸会审记录,并及时整理会签存档。

(2)严格控制设计变更和材料代用,凡工程变更及材料代用一律由设计院发正式变更通知单及材料代用说明书。

(3)认真做好技术交底工作,主要技术问题及主要分项工程施工前,应由技术负责人会同有关人员组织技术交底并有书面记录。

(4)施工组应有专人组织负责测量,对标高及主要轴线统一由测量小组测设并做出标记。土建安装均统一标高轴线,施工中做好各阶段观测记录。

(5)加强对原材料质量的管理工作,无质保书或产品合格证书,及不合格材料不准进场。

(6)建立岗位责任制,主要工种实行样板挂牌制按工艺施工。

(7)加强对自拌混凝土和混凝土输送的质量控制及管理,加强对混凝土的坍落度、运输时间及浇捣时间的质量控制。按规定现场制作试块,正确养护,并及时送试验室试压。

(8)设专职技术人员负责土建、木工及钢筋翻样工作,对主要部位和复杂部位必须先翻样后施工。

(9)加强现场质量监督检查工作,施工组成立质量监督小组,以专业检查为主,同时展开自检、互检和交接工作,特别应加强对技术复核和隐蔽工程验收工作,并做好记录。

(10)随时对分项工程进行质量检查,及时收集分项工程技术资料,统一归档。

(11)加强成品保护,后期应设专人并制定专门措施,做好成品保护管理工作。

(12)加强技术档案资料管理,按技术档案建档要求及时填报、审核、签证、收集、整理归档,竣工时,交送建设方及企业存档。

8.根据工程实际情况,积极推广"四新"技术

技术点睛 ::::::::::::::::::::::::::

技术保障措施和资源保障措施贯穿质量控制的全过程,为达到规范和设计要求的质量目标保驾护航。

::::::::::::::::::::::::::

5.3.5 资源保障措施

(1)制订项目部管理层和劳务层的质量培训计划,进行质量教育和技能培训,确保相关人员能够胜任本职工作。

(2)列出必检的检验、测量和试验设备清单,制订施工试验计划和检验计划,确保检验、测量和试验设备处于良好的使用状态。

(3)制定主要合格材料和设备采购供应商评价标准,建立材料和设备采购供应名册,工程所需材料和设备从评价合格的供方册中选择。

5.3.6　主要分项工程质量控制

1.建立主要分项工程质量管理控制点

应在各分项工程的关键部位建立质量管理控制点,并对重点工序制定质量控制措施。

2.特殊过程的质量控制

特殊过程施工之前,项目技术部应编写特殊过程施工方案及作业指导书。在施工过程中,实行特殊过程质量控制,定人、定岗、定标准专项检验。由质检员负责特殊过程专项检验和记录,特殊过程操作人员必须持证上岗。

5.3.7　其他质量保证措施

1.劳务素质保证措施

(1)认真执行有关施工队伍资质审核和进场审批规定,实行"先达标,后入场"制度。

(2)必须通过考核审查。内容包括:队伍素质基本情况、专长特点、技工比率、跨年人员调整率、施工工程业绩情况等,未经审查或审查不合格的队伍不得参加劳务招标投标。

(3)根据主管部门要求,施工队伍中管理人员、特殊作业人员持证率必须达到100%;技术工人持证上岗率应达到一定的比率。未按规定持证上岗的人员,须经培训考核合格后上岗。

(4)施工队伍进场前,必须与公司签订劳务合作合同书和劳务经济合同书,并办理各种用工手续,否则不得进场。

(5)施工队伍进场后,应分级对其进行入场教育和培训,内容包括:安全生产、文明施工、技术管理、质量要求、消防保卫、行政后勤、环境保护、计划生育、场纪场规、法治教育等,并以答卷的形式进行考试,考试合格后方可上岗,否则清退出场。

(6)施工队伍中施工队队长、技术员、质量员、安全消防员、治安保卫员、行政后勤管理员、财务人员等,须持有主管部门核发的《外地施工队伍专业管理人员岗位证书》,持证率必须达到100%。管理人员应达到队伍总人数的一定比率。未达到规定比率,需进行培训。

(7)施工队伍中技术工种必须持有国家有关部门统一印制的职业资格证书方能上岗,持证率应达到一定的比率,高、中、初级工比率应达到国家相关要求。

2.成品保护措施

(1)针对施工项目的特点和环境,要采取有效的护、包、盖、封等保护措施。措施由施工员制定,报质量、技术负责人审定。

(2)保护措施要因地制宜、切实可行、落实到人,并和经济奖惩挂钩。

(3)施工管理人员要根据制定的成品保护措施,随时检查落实,并严格奖惩。

3.季节性施工的质量保证措施

季节性施工严格按照季节性施工方案执行,以确保季节性施工的质量。

4.建立 QC 质量小组

在关键部位建立质量管理点,在班组中成立 QC 小组,并开展群众性的活动,通过科学管理提高质量。

5.4 安全管理计划

建筑工程安全管理是指在施工过程中组织安全生产的全部管理活动。安全管理以国家的法律、规定和技术标准为依据,采取各种手段,通过对生产要素的过程控制,使生产要素的不安全行为和不安全状态得以减少或消除,达到减少一般事故、杜绝伤亡事故的目的,从而保证安全管理目标的实现。

5.4.1 安全管理目标

为了贯彻"安全第一,预防为主"的安全生产方针,应强化施工安全生产的管理,制定安全管理目标。工程项目的安全管理目标可分解为下列分目标。

1. 伤亡控制指标目标

死亡率为零、重伤率为零、月轻伤频率 0.2‰以下(可根据企业自身情况确定频率)。

2. 安全生产目标

现场安全管理必须符合《建筑施工安全检查标准》(JGJ 59—2011)。

(1)安全管理人员持证率 100%。

(2)特殊工种持证上岗率 100%。

(3)施工现场安全各项设施合格率 100%,安全防护设施使用率 100%。

(4)劳动用品及防护用品合格率 100%,发放、使用率 100%。

5.4.2 安全管理组织机构

以项目经理为首,由现场经理、安全员、专业工程师、各专业分包单位管理人员组成安全管理组织机构,如图 5.5 所示。

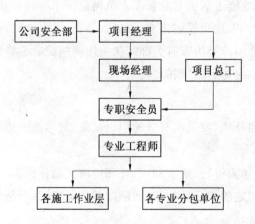

图 5.5 安全管理组织机构

5.4.3　安全生产管理制度

1. 安全生产责任制度

建立以项目经理为首的安全生产领导组织,有组织、有领导地开展安全管理活动,承担组织、领导安全生产的责任;建立各级人员安全生产责任制度,明确各级人员的安全责任。

2. 安全生产检查制度

(1)施工作业前及各分部分项工程必须进行安全技术交底,书面安全技术交底必须全面、具体、有针对性,并履行签字手续,安全技术交底必须存档保管。

(2)建立定期的安全生产检查制度,由项目经理组织有关业务人员,对工地安全意识、安全制度、安全措施各个方面检查,并进行小结评定。

(3)由工地管理人员主要是施工员、专职安全员及班组长进行周或旬的安全检查,并有记录,发现问题应提出整改措施,并有整改结果复查评定记录。

(4)由工地专职安全员进行日常性安全检查,并做好各项安全资料及时归档。

(5)各作业班组结合上岗交底,每天开展安全上岗检查,保证操作用机具及作业环境的安全。

(6)持证上岗检查,从事电工、架子工、电焊(气焊)工、起重机械工等特种作业人员必须按照国家有关规定经过专门的安全作业培训,并取得特种作业操作资格证书后,方可上岗作业。特种作业人员和机械操作人员的操作证必须按期复审,不得超期使用。

(7)建立健全安全生产检查制度,检查要有重点、有要求、有针对性,并做书面记录和履行签字手续,对查出的事故隐患,做到定人、定时间、定措施进行整改,对重大事故隐患等,签发限期整改通知。现场必须及时采取措施进行整改,对整改不力的施工班组,检查人员有权责令其停工整顿。

3. 安全生产教育培训制度

(1)各施工班组使用的外来工作人员,必须接受建筑施工安全生产教育,经考试合格后方可上岗作业,未经建筑施工安全生产教育或考试不合格者,严禁上岗作业。

(2)施工人员上岗作业前的建筑施工安全生产教育,分别由施工班组负责组织实施。

(3)施工人员上岗前须由施工班组劳务部门负责人将外来施工人员名单提供给项目部安全部门,汇总、注册、登记,并办理好外来人员务工证与暂住证,安全部门负责组织安全生产教育。

(4)施工人员上岗作业前,必须由外施队长(或班组长)负责组织本队(组)学习本工种的安全操作规程和一般安全生产知识。

4. 安全生产技术管理制度

(1)以项目安全生产负责人为首,各施工分项及班组专职安全员组成专门小组为施工现场的安全生产管理工作。

(2)根据作业人员情况成立 8～10 人的现场"安全督促队",开展日常安全生产检查工作。

(3)每半月召开一次安全生产工作例会,总结前一阶段的安全生产情况,布置下一阶段的安全生产工作。

(4)各施工班组在组织施工中,必须保证有班组领导在现场值班,不得空岗。

(5)严格执行施工现场安全生产管理的技术方案和措施,在执行中发现问题应及时向有关部门汇报。

(6)建立并执行安全生产技术交底制度。要求各施工项目必须有书面安全技术交底,安全技术交底必须具有针对性,并有交底人与接受人的签字。

(7)建立机械设备、临时电设施和各类脚手架工程设置完成后的验收制度。未经过验收和验收不合格的严禁使用。

5. 安全生产奖罚制度

项目经理部主要负责人与各施工班组主要负责人签订安全生产责任状,施工班组主要负责人再与本班组施工人员签订安全生产责任状,使安全生产工作责任到人,层层负责,并制定具体的奖罚制度进行奖罚。

6. 安全交底制度

(1)广泛开展安全生产宣传教育活动,使广大职工牢固树立安全第一的思想,提高安全意识,自觉遵守各项规章制度及安全技术操作规程。

(2)新工人上岗和每道工序开始前必须进行安全教育,形成书面资料,须经受教育者本人签名,工人变换工种须进行新工种的安全技术培训和安全教育。

(3)实行三级安全技术交底制度,在开工前和每月由公司对项目部进行安全技术交底,在分项分部工程开工前和每周由项目部安全负责人对班组进行安全技术交底,每天上班前由班组长对员工进行上岗前5分钟安全生产动员工作会议。

7. 安全例会制度

及时传达上级指示精神,了解和掌握各作业队伍安全生产情况,做到上情下达,下情上传,及时沟通信息,了解情况。

8. 关键岗位培训,持证上岗管理制度

关键岗位人员在施工中起骨干作用,为保证工程质量及安全,应组织其对新规范、新标准、新技术和新工艺进行专门培训和学习,达到会操作、会管理、会使用。

9. 施工现场消防管理制度

为了贯彻消防工作"预防为主、防消结合"的指导方针,使每个职工懂得消防工作重要性,增强群众的防范意识,把事故消灭在萌芽状态,结合施工现场实际情况,制定施工现场消防管理制度。

10. 安全劳动保护用品管理制度

对于特殊防护用品,如安全帽、绝缘用品、防护面罩等,使用前要严格检查有无破损、失效或影响安全,否则应及时修理或停止使用。属于工具类的劳保用品,如安全带、登高板等实行实用领退制。凡在作业过程中佩戴和使用的保护人体安全的防护用品,如防护服、安全帽、安全带等均由各部门安排专人负责管理、发放。各部门要安排专人建立相应劳保用品发放标准和发放台账,做好劳保用品的计划、保管、发放工作。

11. 安全生产验收制度

项目部对施工现场的施工用电、龙门架(井字架)、施工机具、脚手架、"三宝""四口"的防护及各种安全防护用品、塔吊、外用电梯、压力容器、模板工程等项目,在施工前由项目部技术负责人编制安全技术交底,安装完成后,在使用前由项目经理组织项目技术负责人、专职安全员和有关作业班组长进行检查验收,经验收合格后报公司安全处进行检查验收,验收合格后填写《施工现场安全防护用具及机械设备

验收报审表》报工程所在地安全监督站进行检查验收,检查验收合格后签发施工现场机械设备安全验收合格通知书和安全防护用具及机械设备安全准用证,并履行好交验资料入档。

12.安全事故报告、处理制度

对发生的事故、事件必须做好应急救援与调查处理,将风险降到最低限度,同时查明事故的原因、责任人,并制定纠正、预防措施。

5.4.4 施工安全技术措施

施工安全技术措施是施工组织设计中的重要组成部分,它是具体安排和指导工程安全施工的安全管理与技术文件,是针对每项工程在施工过程中可能发生的事故隐患和可能发生安全问题的环节进行预测,从而在技术上和管理上采取措施,消除或控制施工过程中的不安全因素,防范发生事故。

建筑施工企业在编制施工组织设计时,应当根据建筑工程的特点制定相应的安全技术措施。因此,施工安全技术措施是工程施工中安全生产的指令性文件,在施工现场管理中具有安全生产法规的作用,必须认真编制和贯彻执行。

1.进入施工现场的安全规定

(1)进入施工现场人员必须戴好安全帽,扣好帽带,穿胶底鞋,不得穿拖鞋、高跟鞋、赤脚和易滑、带钉的鞋,高处作业必须系安全带;施工现场禁止吸烟。

(2)进入施工现场人员必须进行安全教育培训,经考试合格后才能上岗工作,特殊工种(电工、焊工、塔司、起重工、机工、架子工等)必须经过有关部门专业培训考试合格发给操作证,方准独立操作。

2.深基坑作业安全技术措施

(1)基础施工时,根据现场情况在基础的四面设置通长防护栏,外挂密目安全网,且用警示牌示警,夜间设红色标志灯。

(2)基坑内要搭设上下通道,通道两侧必须搭设防护栏杆,坡道面上应铺设防滑条。

(3)基坑上口规定的范围内不得堆放重物及行车,坑内作业要经常注意边坡是否有裂缝滑坡现象。

(4)开挖基坑,根据设计文件或施工规范放坡,分层开挖。

(5)对支护结构进行必要的监测,并将监测结果定期通报有关单位。

(6)坑内坑外有联系的作业,必须设指挥人员,规定专用信号,严格按指挥信号进行作业。

(7)进坑的动力设备及照明电线应使用电缆,按设计要求布线。

3.高处及立体交叉施工安全技术措施

(1)施工前,应逐级鉴行安全技术教育及交底,落实所有安全技术措施和人身防护用品,未经落实时不得进行施工。

(2)高处作业中的安全标志、工具、仪表、电气设施和各种设备,必须在施工前加以检查,确认其完好,方能投入使用。

(3)攀登和悬空高处作业人员以及搭设高处作业安全设施的人员,必须经过专业技术培训及专业考试合格,持证上岗,并必须定期进行身体检查。

(4)建筑物出入口处,机械设备上方等搭设安全防护棚,在楼梯口、电梯口、预留洞口设置围栏、盖板、架网等。

(5)立体交叉作业时,不得在同一垂直方向上操作。下层作业的位置,必须处于依上层高度确定的可能坠落范围半径之外,不符合以上条件时,应设置安全防护层。

(6)支模应按规定的作业程序进行,模板未固定前不得进行下一道工序。严禁在连接件和支撑件上攀登上下,并严禁在上下同一垂直面上装、拆模板。

(7)拆除模板、脚手架等时,下方不得有其他操作人员,拆除后,临时堆放处离楼层边沿应不小于1 m,其堆放高度不能超过1 m。任何拆卸下来的物品,都不许堆放在楼层口、通道口、脚手架边缘等处。

(8)脚手架在使用前,应经安全部门验收合格后方可使用。脚手架上的工具、材料要分散放稳,不得超过允许荷载。外脚手架每层铺满脚手板,使脚手架与结构之间不留空隙,外侧用密目安全网封闭。

(9)吊装作业由专人统一指挥,吊装人员坚持岗位,吊装时设警戒线,吊车起吊时大臂作业范围内严禁站人,起重机械严禁带病作业,严禁非工作人员进入施工区。

(10)施工洞口、临边防护要严格按规程或方案要求进行防护。

(11)做好防高处坠落、物体打击、防触电、防机械伤害的各项安全防护工作。

(12)施工人员要配戴齐全安全带、工具包、防滑鞋、防滑手套等高空作业安全防护用品,高处作业的材料要堆放稳妥,工具随手放入工具包,严禁乱堆放和在高处抛掷材料、工具、物件。

(13)在雨天和雪天进行高处作业时,必须采取可靠的防滑、防寒和防冻措施。凡水、冰、霜、雪均应及时清除。对进行高处作业的高耸建筑物,应事先设置避雷设施。遇有六级以上强风、浓雾等恶劣气候,不得进行露天攀登与悬空高处作业。暴风雪及台风暴雨后,应对高处作业安全设施逐一加以检查,发现有松动、变形、损坏或脱落等现象,应马上修理完善。结构复杂的模板,装、拆应严格按照施工组织设计的措施进行。

4.施工用电安全

施工现场临时用电必须遵守《施工现场临时用电安全技术规范》(JGJ 46—2005)的要求。

(1)临时用电按照三相五线制,实行两级漏电保护的规定,合理布置临时用电系统,现场所用配电箱应符合部颁标准的规定,并经检查验收后使用。配电箱必须设置围栏,并配以安全警示标志。

(2)临时用电施工组织设计,按规定进行报批。

(3)建立施工现场临时用电定期检查制度,并将检查、检验记录存档备查。

(4)临时用电线路必须按规范埋设,过路线路设钢护套管埋设,必须采用绝缘电缆,不得采用胶软线,不得成束架空敷设,也不得沿地面明敷设。

(5)配电系统必须实行分级配电,各类配电箱、开关箱外观应完整、牢固、防雨、防水,箱体应外涂安全色,统一编号,箱内无杂物,停止使用的配电箱应切断电源,箱门上锁。

(6)独立的配电系统必须按照标准采用三相五线制的接零保护系统,各种电气设备和施工机械的金属外壳、金属支架和底座必须按规定采取可靠的接零或接地保护,同时,必须设二级漏电保护装置,实行分级保护,形成完整的保护系统。漏电保护装置的选择应符合规定。各种高大设施必须按规定装设避雷装置。

(7)手持电动工具的使用应符合国家的有关规定。工具的电源线应完好。电源线不得任意接长和调换,工具的外绝缘应完好无损,维修和保管应由专人负责。

(8)凡在一般场所采用220 V电源照明的,必须按规定在电源一侧加单相漏电保护器,地下室等特殊场所按国家标准规定使用安全电压照明器。

(9)电焊机应单独设开关,电焊机外壳应有接零或接地保护,一次线长度应小于5 m,二次线长度应小于30 m,两侧接线应牢固,并安装可靠的防护罩。焊把线应双线到位,不得借用金属管道、金属脚手架及结构钢筋做回路地线,焊把线应无损,绝缘良好,电焊机设置地点应防漏、防雨、防砸。

5.机械设备的安全使用

(1)新进场的机械设备在投入使用前,必须按照机械设备技术试验规程和有关规定进行检查、鉴定和试运转,合格后方可投入使用。

(2)塔式起重机等大型机械设备,设专人负责管理,建立设备档案、履历书和定期安全检查资料。

塔式起重机的安全装置(四限位,两保险)必须齐全、灵敏、可靠,做到定期不定期的试验。塔式起重机严禁超载和带病运行。施工现场设固定信号指挥人员,并持证上岗,吊装挂钩人员也应相对固定。吊索具的配备应齐全、规范、有效。对吊具、钢丝绳应根据用途保证足够的安全系数,凡表面磨损、腐蚀、断丝超过标准的、油芯外露的不得使用。吊钩除正确使用外,应有防止脱钩的保险装置,吊环在使用时,应使销轴和环底受力,吊运大模、混凝土斗等大件时,必须使用吊环。

(3)施工电梯。施工电梯使用前应检查其制动器,限速器,门联锁装置,上、下限位装置,断绳保护装置,缓冲装置等安全装置,所有必须齐全、灵敏、可靠。电梯每班首次运行时,应做空载及满载试运行,检查电动机的制动效果,确认正常后方可使用;梯笼乘人、载物时,应使荷载均匀分布,防止偏重,严禁超载使用;电梯在大雨、大雾和六级及六级以上大风时,应停止使用,并将梯笼降到底层,切断电源。暴风雨后,应对电梯各有关安全装置进行一次全面检查;电梯工作时,严禁任何人进入围栏内,严禁攀登电梯井架;在电梯切断总电源开关前,司机不能离开操作岗位。作业结束后,应将梯笼降到底层,各控制开关恢复到零位,切断电源,锁好闸箱和梯门。

(4)龙门架的地基安装和使用要符合原厂使用规定,并有验收手续,经检验合格后,方可使用,使用中定期进行检测。龙门架安全装置必须齐全、灵敏、可靠,执行额定重量人员。

(5)其他机械按操作规程使用,并加强对机械设备的管理,做到常检、常修、常保养,保持良好的工作状态。

6.专门安全技术措施

为确保安全,对于采用的新工艺、新材料、新技术和新结构,制定有针对性的、行之有效的专门安全技术措施。

7.预防因自然灾害促成事故的措施

建筑施工是露天作业,受到天气变化的影响很大,因此,在施工中要针对季节的变化制定相应的施工措施。

(1)防大风、防雨、防雷安全措施。

①应设专人掌握气象信息,及时做好大风、大雨预报,采取相应技术措施,防止发生事故。禁止在大风、暴雨等恶劣的气候条件下施工。

②大风、暴雨前后,应检查工地临时设施、机电设施有无倾斜,基坑有无变形、位移、下沉等现象,发现问题及时处理。

③塔吊、施工电梯及外脚手架等高大设施必须有避雷措施,且应经常检查发现问题及时改正。

④雨期施工,电源线不得使用裸导线,不得沿地面敷设。配电箱必须防雨、防水,电器布置符合规定,严禁带电明露。机电设备的金属外壳,必须采取可靠的接地或接零保护。工地照明使用不超过36 V安全电压。电气作业人员应穿绝缘鞋,带绝缘手套。

⑤遇六级及以上的大风时,应暂停室外的高空作业。

（2）防暑降温安全措施。

①应合理调整作息时间，避开中午高温时间工作，严格控制工人加班加点，工人的工作时间要适当缩短，保证工人有充足的休息时间。

②对高温条件的作业场所，要采取通风和降温措施。

③高温、高处作业人员，需经常进行健康检查，发现有作业禁忌症者应及时调离高温和高处作业岗位。

④及时供应符合卫生要求的茶水、清凉含盐饮料、绿豆汤等。

⑤及时给职工发放防暑降温的劳动保护用品。

（3）防冻、防寒、防滑、防中毒安全措施。

①冬期施工前，对参加冬施的作业人员进行冬期施工安全教育，进行安全技术交底。

②防止施工场地、运输道路积水和结冰，造成安全隐患；脚手架、脚手板有冰雪积留时，施工前应清除干净。

③工地临时水管应埋入冻土层以下或用草包等材料保温。水箱存水，下班前应放尽。

④应由专业电工负责安装、维护和管理用电设备，严禁其他人员随意拆、改装电气线路。

⑤严禁使用裸线，电缆线破皮三处以上不得投入使用，电缆线破皮处必须用防水绝缘胶布处理，电缆线铺设要防砸、防碾压、防止电线冻结在冰雪之中，大风雪后应对用电气线路进行检查，防止电缆线断线和破损造成触电事故。

⑥霜、雪过后要及时清扫作业面，对使用的临时操作架和临边防护设施必须由安全管理人员检查合格后才能继续使用，防止因霜、雪和场地太滑而引起高处坠落事故。

⑦重视施工机械设备的防冻防凝安全工作，所有在用的施工机械设备应结合例行保养进行一次换季保养，换用适合寒冷季节气温的燃油、润滑油、液压油、防冻液和蓄电池液等。对于长期停用的机械设备，应放净设备和容器内的存水，并逐台检查做好记录；对于正常使用的机械设备，工作结束停机后要求将设备内存水放净。

⑧为防止因生火、取暖发生煤气中毒事故，指定专人负责夜间巡视检查。检查火炉使用情况，是否有发生火灾、煤气中毒的危险。

⑨封闭的场所必须有通风换气措施。燃气热水器必须安装在通风良好的地方，使用时必须保持通风。

8.防火防爆安全措施

（1）安全教育。对所有施工人员进行消防安全教育，使其熟知基本的消防常识，学会使用消防灭火器材，掌握扑救火灾初期的应急方法。特别要加强对电、气焊等特殊工种作业人员的消防安全教育和培训，使之持证上岗。

（2）根据现场实际情况划分作业区。特别是明火作业区、可燃材料堆放区、危险物品仓库等，并设置明显的防火警示标志。

（3）规范施工现场临时用电管理。临时用电必须采用 TN-S 系统，符合"三级配电、两级保护"，达到"一机一闸一漏一箱"的要求；配电箱设置、线路敷设、接零保护、接地装置、电气连接、漏电保护等各种配电装置应符合有关标准和规范的要求。施工电源线的拆装必须统一由专业电工操作，杜绝乱扯乱挂的现象；员工食堂、宿舍等场所不准私拉乱接电源，严禁使用电炉等电器。

（4）坚持"安全第一、预防为主、综合治理"的安全生产基本方针，同心同德，齐抓共管。通过有效的管理和技术手段,减少和防止人的不安全行为和物的不安全状态,有效地消除安全事故隐患,防止和减少安全事故的发生。

(5)加强施工现场用火管理。严格落实易燃易爆场所动火审批制度,氧气、乙炔两者不能混放,焊接作业时要设专人监护,配备必要的消防器材,并在焊接点附件采用非燃材料做遮挡隔离板,防止焊珠四处迸溅而造成火灾隐患;施工现场应设吸烟室,不得在库房、宿舍和床上等易燃易爆场所吸烟。

(6)对贮存的易燃货物应经常进行防火安全检查,发现火险隐患,必须及时采取措施,予以消除。

(7)施工现场必须配备足够数量的防火、灭火设施和器材。

(8)要建立安全防火责任制,并划分防火责任区。

(9)对于爆破或引爆物品的储存、保管、领用都必须严格按规定执行。

(10)各种气瓶的运输、存放、使用,必须按有关规定执行。

(11)各种可燃性液体、油漆涂料等在运输、保存、使用中,除按规定外,并根据其性能特点采取相应的防爆措施。

技术点睛

施工安全技术措施是施工组织设计中的重要组成部分,为了消除或控制施工过程中的不安全因素,防范发生事故,建筑施工企业在编制施工组织设计时,应当根据建筑工程的特点制定相应的安全技术措施。

5.5　环境管理计划

建筑施工工地是一个主要的环境污染源,尤其是噪声、粉尘及废水,而这些将直接影响周边社区生活环境,因此,切实做好环境保护工作是保持正常施工、创建文明工地的重要条件之一。

5.5.1　环境管理目标

施工中环境管理的目标应为确保违规事故为零,污水、废气、噪声、扬尘、废弃物等污染物排放符合国家和地方有关规定,有效控制污染排放,节能降耗除尘降噪,实现现场绿色施工。

技术点睛

切实做好环境保护工作是保持正常施工,创建文明工地、绿色工地的重要条件之一。

5.5.2　环境管理组织机构

建立以项目经理为首的环境管理组织机构,由项目经理明确项目的环境目标并分解落实,明确相关人员的环境职责和权限,由项目技术负责人组织实施项目环境管理方案,由环境管理员负责施工现场的环境管理和监督,实施环境监测和测量,其他相关人员负责本职责和权限内的环境管理工作。项目环境管理组织机构如图5.6所示。

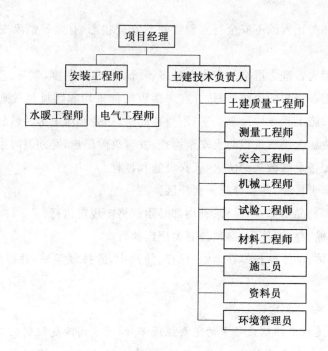

图 5.6　项目环境管理组织机构

5.5.3　环境保护的控制措施

1. 周边地下管线及建筑物、绿化带保护措施

(1)向建设单位及有关单位了解地下管线的布置情况,了解附近建筑物的结构特点。场地布置尽可能避开地下管线位置,远离绿化带。

(2)在施工过程中应针对存在的管线采取保护措施,尽可能地避免直接破坏。

(3)加强对职工的思想教育工作,教育职工注意社会公德,保护公物,不损坏公物。

(4)车辆进出注意行驶方向和速度,做到安全文明行车,严禁冲撞碾压绿化带现象。车辆载重应按规定,严禁超载,以免破坏地下管线。

2. 大气污染控制措施

(1)建筑施工产生的建筑垃圾较多,必须采用临时专用垃圾坑或采用容器装运,严禁随意凌高抛撒垃圾。施工垃圾及时清运,做到当天的垃圾当天清运,并适量洒水,减少扬尘。

(2)水泥等粉细散装材料,除搭设全封闭的水泥仓库外,调运时还应采取有效措施,如制作倒水泥用的专用小车等,减少扬尘。

(3)现场临时道路其面层全部由混凝土铺设,防止道路扬尘,施工现场全部采用硬地坪施工。

(4)施工现场设专人对设备进行保洁,采取洒水降尘措施。

3. 施工现场防噪声污染措施

(1)人为噪声控制措施。施工现场提倡文明施工,尽量减少人为的大声喧哗,增强全体施工人员防噪声扰民的自觉意识。

(2)强噪声作业时间的控制。凡在居民稠密区进行强噪声作业的,严格控制作业时间,特殊情况需连续作业(或夜间作业)的,应尽量采取降噪措施,事先做好周围群众的工作,并报有关主管部门备案后方可施工。

(3)强噪声机械的降噪措施。

①牵扯到产生强噪声的成品、半成品加工、制作作业(如预制构件、木门窗制作等),应尽量放在工厂、车间完成,减少因施工现场加工制作产生的噪声。

②尽量选用低噪声或备有消声降噪声设备的施工机械。施工现场的强噪声机械(如搅拌机、电锯、电刨、砂轮机等)要设置封闭的机械棚,以减少强噪声的扩散。

(4)加强施工现场的噪声监测。加强施工现场环境噪声的长期监测,采取专人管理的原则,根据测量结果填写建筑施工场地噪声测量记录表,凡超过《建筑施工场界环境噪声排放标准》(GB 12523－2011)标准的(表 5.1),要及时对施工现场噪声超标的有关因素进行调整,达到施工噪声不扰民的目的。

表 5.1　不同施工阶段作业噪声限值　　　单位:等效声级 LAeq[dB(A)]

施工阶段	主要噪声源	噪声限值	
		昼间	夜间
土石方	推土机、挖掘机、装载机等	75	55
打桩	各种打桩机等	85	禁止施工
结构	混凝土搅拌机、振捣棒、电锯等	70	55
装修	吊车、升降机等	65	55

【案例实解】

某城市市区范围内,某建筑公司按照施工进度要求进行结构混凝土的施工,则其施工噪声排放符合《建筑施工场界环境噪声排放标准》(GB 12523－2011)规定的限值是多少 dB(A)?

【解】

昼间 70 dB(A),夜间 55 dB(A)。

4.施工现场防扬尘措施

(1)高层或多层建筑清理施工垃圾,使用封闭的专用垃圾道或采用容器吊运,严禁随意凌空抛撒造成扬尘。施工垃圾要及时清运,清运时,适量洒水减少扬尘。

(2)拆除旧建筑物时,应配合洒水,减少扬尘污染。

(3)散水泥和其他易飞扬的细颗粒散体材料应尽量安排库内存放,如露天存放应采用严密遮盖,运输和卸运时防止遗洒飞扬,以减少扬尘。

【案例实解】

某施工单位在土方施工作业过程中,为有效防治扬尘大气污染,施工现场采取比较得当的措施包括哪些?

【解】

①运送土方车辆封闭严密;②施工现场出口设置洗车槽;③堆放的土方洒水、覆盖;④地面硬化处理。

5.施工现场防水污染措施

(1)办公区、施工区、生活区合理布置排水明沟、排水管,道路及场地适当放坡,做到污水不外流,场内无积水。

(2)在搅拌机前台及运输车清洗处设置沉淀池。排放的废水先排入沉淀地,经二次沉淀后,方可排入城市污水管网或回收用于洒水降尘。

（3）未经处理的泥浆水，严禁直接排入城市排水设施和河流。所有排水均要求达到国家排放标准。

（4）临时食堂附近设置简易有效的隔油池，产生的污水先经过隔油池，平时加强管理，定期掏油，防止污染。

（5）禁止将有毒有害废弃物用作土方回填，以免污染地下水和环境。

6.施工现场防固体废物污染措施

（1）注意环境卫生，施工项目用地范围内的生活垃圾应倒至指定堆放点，最后交环保部门集中处理。

（2）对施工期间的固体废弃物应分类定点堆放。

（3）施工期间产生的废钢材、木材、塑料等固体废料，应予以回收利用。

（4）严禁将有害废弃物用在土方回填料。

7.光污染控制措施

晚间施工光源照明注意定点定位，严禁强光干扰附近居民夜间休息。

8.公共卫生管理措施

（1）食堂卫生。

①食堂应距厕所、垃圾（场）箱30 m以外，做到平整、清洁、无污水。食堂应设置通风、排气和污水排放设施。

②生、熟食品应分开，有防蝇设施。食堂炊具放置有序，及时消毒。

③食堂炊事人员上岗必须穿戴工作服，保持个人卫生，炊事人员每年进行一次健康检查，并须持有卫生防疫部门发放的健康合格证。

④未设置食堂的工地，应采用送餐方法解决职工、民工就餐问题，并在工地设置文明卫生的售餐、就餐点。

（2）施工现场宿舍卫生。

①保持宿舍卫生整洁、通风，生活用品放置整齐有序。

②一般不在施工的建筑物内安排人员住宿。

③大型工程的施工现场应设医疗保健室、更衣室等。

（3）施工现场应建立水冲式厕所，厕所墙面抹灰刷白，设专人负责，并定期进行冲刷、消毒，防止蚊蝇孳生；高层建筑的作业区应有便溺设施，落实专人管理，保持卫生清洁。

（4）施工现场必须设专人供水和专用保温饮水桶，饮用水必须符合国家卫生标准，水桶加盖加锁，防止污染。

5.6 成本管理计划

5.6.1 成本管理目标

施工企业的成本管理目标是指在保证满足工程质量、工期等合同要求的前提下，对工程项目实施过程中所发生的费用，进行有效地计划、组织、控制和协调，尽可能地降低成本费用，实现目标利润，创造良好的经济效益。

5.6.2　成本管理组织机构

建立以项目经理为首的工程项目成本管理组织机构,各部门制订成本管理计划,由项目副经理及项目副总工程师负责成本管理计划的实施及监督各相关部门,确保成本管理目标的实现。成本管理组织机构如图 5.7 所示。

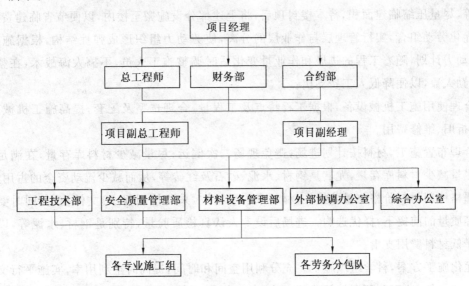

图 5.7　成本管理组织机构

5.6.3　成本管理的控制措施

施工单位可通过以下技术和管理措施来有效地进行成本管理:

1. 技术措施

(1)针对工程的特点和实际情况进行认真的测算和分析,加强施工中各个环节的管理,对影响工程造价的各种因素进行控制,制定合理的施工工期,把工程造价降低到合理的范围内。

(2)严格把握材料关,对建筑材料的供应要货比三家,选择质优价廉的材料。对原材料的运输进行经济比选,确定经济合理的运输方案。利用新技术,减少消耗,把材料费控制在投标价范围内。

(3)科学组织施工,提高劳动生产率。周密科学地安排计划,巧妙地组织工序间的衔接,合理安排劳动力,做到不停工、不窝工、不抢工,严格参照批准后的施工网络规划图进行组织施工。

(4)完善和建立各种规章制度,加强质量管理,落实各种安全措施,进一步改善和落实经济责任承包制及成本核算制。

(5)加强经营管理,降低工作成本。科学利用建筑材料,不要造成浪费,把废料降低到最低限度。优化施工平面布置,减少二次搬运,节省工时和机具。

(6)安排好雨季、夜间施工。根据当地气象、水文资料,有预见性调整各项工程的施工顺序,并做好预防工作,使工程有条不紊地进行。

2. 管理措施

(1)组织均衡施工。合理安排施工进度,将工期控制在合理范围内,可使施工成本降低,而实际工期比合理工期提前或拖后,都意味着施工费用的增加,因此在安排施工工期时,要科学地处理工期与施工费用的辩证关系,在进度计划安排上,各工种、各工序力求平衡地、有节奏地进行施工,其中包括业主方分包出去的单项工程,在保证合同工期的同时,力求将工期控制在合理工期内。

(2)合理组织劳动生产力,科学划分施工流水段,集中力量抓关键线路,避免停、窝工。严格控制人工费用的支出,单位工程开工前,编制设计预算和施工预算并做对比,量入而出,收入大于支出。

(3)尽量减少临时工程设施,降低现场各种费用支出,现场管理办公室,木工间、材料仓库、临时宿舍、食堂等,尽量压缩临建面积,待本楼封顶后,将上述部分设施搬至楼内,以便节省临建费用。

(4)优化劳动组合,实行管理层与作业层的分离,使劳动力组织形成弹性结构,根据施工需要,合理地编制劳动力计划,随着工程的进展和作业量变化适时调整施工人员,不搞人海战术,在整个工期内尽量减少出勤人数,以便降低人工费支出。

(5)合理使用施工机械设备,根据工程特点及工程量,合理选型及配套,提高施工机械利用率,以便减少设备折旧、维修费用。

(6)合理布置施工,材料按计划进场,避免现场二次倒运;尽量减少材料库存量,在满足施工需要的前提下,尽量减少材料库存量,尤其是钢材、水泥、砂石及红砖等,从而减少流动资金的占用量。

(7)严格控制材料价格与量差损失,材料采购严格按《采购控制程序》文件执行,同时要做到货比三家,在同等质量的前提下,择优选购。进场后设专人认真检质验量,特别是钢材、水泥等,以避免量差损失,从而降低材料费用支出。

(8)优化施工方案,科学组织施工。充分利用空间和时间,提高时空利用率,实施平行交叉流水作业法,把室内和室外,地面和顶棚等部分的土建、内部装修,水电和设备安装、分包出去的非关键性工程有机结合起来,实行上下左右,前后内外多工种、多工序相互穿插、紧密衔接,同时进行施工作业,从而减少施工中的停歇现象和时空损失,加快施工进度,从而保证工期目标的实现。

(9)确保工程质量,降低质量成本主要采取以下控制措施。

①严格工序质量控制,每道工序达到合格品或优良品,如混凝土构件支撑模板质量不好,外形尺寸超过允许偏差,使抹灰厚度增加而浪费水泥砂浆。

②尽量减少不合格品和质量事故的发生,减少由此而带来的经济损失,从而降低"内部故障成本"。

③严格工序质量控制,杜绝质量隐患,减少工程移交后的工程保修费,从而降低"外部故障成本"。

④为防止质量问题的发生或防止同类质量问题的重复发生,消除产生质量问题的潜在因素,本工程严格按《纠正和预防措施控制程序》文件进行质量问题的预防,从而降低"预防成本"。

成本管理计划是施工组织设计的重要内容,但其与质量、进度有着紧密的联系,在制订成本管理计划时应在保证质量的前提下,并综合考虑进度进行制订。

5.7 文明施工管理计划

工程施工管理计划中除了在技术、组织方面保证进度、质量、安全、环境、成本外,也不容忽视文明施工的重要性。文明施工不仅可以改变施工现场面貌,改善职工劳动条件,提高工作效率,还可以促质量、保安全,提高经济效益。

5.7.1 文明施工管理目标

认真贯彻落实《建筑施工安全检查标准》(JGJ 59—2011),规范管理,文明施工,加强对周边环境的保护,确保实现文明施工现场达标。

5.7.2 文明施工管理体系

项目经理部应专门成立"创建文明工地领导小组",设专人进行管理,由项目经理负责,并制定切实可行的文明工地管理措施,同时利用职权经济杠杆手段进行层层落实。具体管理体系如图 5.8 所示。

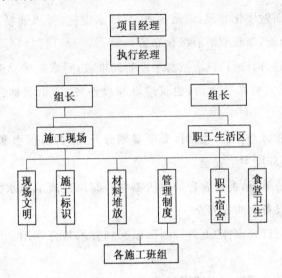

图 5.8 文明施工管理体系

5.7.3 文明施工管理制度

根据建设部有关规定及文明标准化工地文件精神,树立企业良好形象,结合公司的具体安排,项目部为争取安全文明标准化工地,制定施工现场文明工地管理措施如下:

1.标准作业,文明施工

项目全体人员都要认真学习执行上级有关规定,并成立以项目经理为主的安全文明施工领导小组,具体管理工作由项目安全员负责。

2.文明施工,封闭管理

施工中做到安全生产不发生事故的同时,还要做到文明施工。每个施工人员做到挂牌上岗,把过去施工中的"脏、乱、差"为主要特征的工地改变为城市文明"窗口",施工现场的材料品种比较多,必须按施工要求堆码整齐,本着谁施工谁负责的原则,做到整齐有序。

3.安全文明标准作业

施工工地四周严格执行标准,书写标语。施工建筑材料构件、料具按总体平面堆放,堆放材料必须挂名称、品牌、规格,易燃易爆物品必须严格分类存放,建筑垃圾应及时清理干净,施工现场要做到工完料完,各防火点必须悬挂灭火器,建立健全消防措施制度,施工现场应道路畅通。做好门卫制度,做好宣传栏、读报栏、黑板报等工作,把文明施工现场项目做好。

4.标准文明工地建设

根据中华人民共和国行业标准《建筑施工安全检查标准》(JGJ 59—2011)要求,不断提高企业在建筑施工中的外部形象,加大对文明施工建设投入和管理。

(1)现场围挡:场地四周必须采用封闭围挡,围挡要坚固、稳定、整洁、美观,并沿场地四周连续设置。一般路段的围挡高度不得低于1.8 m,市区主要路段的围挡高度不得低于2.5 m。

(2)封闭管理:施工现场进出口要设大门,制定门卫和门卫制度;进入施工现场要求佩戴工作卡;门头设置企业标志。

(3)施工场地:工地地面做硬化处理,道路畅通,有排水设施,排水通畅,防止泥浆、污水、废水外流。工地无积水,工地设置吸烟处,温暖季节有绿化布置。

(4)材料堆放:建筑材料、构件、料具应按总平面布局堆放;料堆应堆放整齐,挂上名称、品种、规格等标准;施工现场要求做到工完料净场地清;建筑垃圾堆放整齐,标出名称、品种;易燃易爆物品应分类存放。

(5)现场住宿:施工作业区与办公、生活区要明显划分开;宿舍有保温和防煤气中毒措施。床铺、生活用品放置整齐,宿舍周围环境卫生安全。

(6)现场防火:制定消防措施,配置合理的灭火器材。高层建筑消防水源要能满足消防要求。设备安装工程要特别注意机电设备的防火安全。

(7)施工现场标牌:大门口处应挂"五牌一图",以起到警示教育作用。标牌要规范、整齐,设置宣传栏、读报栏、黑板报等。

(8)生活设施:施工现场必须设有水冲厕所,厕所要符合卫生要求,工作人员不能随地大小便;工地食堂应符合卫生要求,应保证饮用水干净卫生,制定卫生责任制,保证工作人员饮食卫生;工地应设沐浴室;工地生活垃圾应设专人管理,装入容器及时清理。

(9)保健急救:工地应设有经过培训的急救人员、医药器材,并开展医药卫生知识宣传教育。

(10)社区服务:有防粉尘、防噪声措施,夜间未经许可不能施工。现场禁止焚烧有毒、有害物质,建立施工不扰民措施。

5.施工现场生活保障制度

(1)施工现场必须设供水点,放置保温桶,保证职工、劳务工喝上热水,保温桶须加盖上锁,严防坏人投毒破坏。

(2)施工现场必须设立职工文化活动室,购置必要的文化娱乐用品,建立宣传栏、读报栏,开展文明健康的文化生活。

(3)民工宿舍必须定期检查卫生,防止疾病发生和蔓延,施工现场必须配备卫生保健箱,发放一些简单药品,以保障劳务工身体健康。

(4)劳务工进入工地前必须进行健康检查,并进行上岗前安全教育,心脏病、高血压患者禁止高空作业。

(5)建立健全住宿规章制度,培训劳务工文明施工、遵纪守法的良好习惯。

(6)施工现场必须设立水冲厕所,并有专人打扫清理,力争解决浴室以提高劳务工的卫生条件。

6. 防污水、废水外流措施

(1)施工工地主要用水管线必须设置排水沟,疏通污水、废水。

(2)施工现场水冲式厕所,工地用水处的下水道每日必须有专人负责检查、清理,防止堵塞、渗漏。

(3)施工现场必须设置专用排水沟,每日下班后必须清理地面,污水扫入排水沟。

(4)施工现场厕所排水沟、下水处设置标志牌,定人每天清理。

(5)工地要节约用水,随手关闭水龙头,严禁浪费水源。

7. 施工现场定期清扫制度

(1)认真落实各项卫生责任制,彻底根治施工现场的"脏、乱、差"现象。

(2)施工现场的施工垃圾,应定期派人清理走,保持施工现场干净整齐。

(3)认真搞好施工现场的绿化工作,使进入现场的施工人员感到文明、清新和舒畅,提高安全质量。

8. 施工现场场容卫生检查制度

(1)工地卫生检查制度由专人负责,每周进行大检查评比活动。

(2)要有制度、有检查、有评比、有落实,对检查出来的问题要及时整改。

(3)检查结果要和经济利益挂钩,对成绩突出的给予必要奖励,对检查发现的问题不及时纠正者给予处罚。

(4)每周安全会上通报检查结果,检查人员要以认真负责的态度搞好检查评比工作。

基础同步

一、填空题

1.施工现场常见的环境污染有＿＿＿＿＿、＿＿＿＿＿、＿＿＿＿＿和＿＿＿＿＿。

2.所谓环境保护"三同时"制度,就是指建设项目需要配套建设的环境污染保护设施,必须与主体工程＿＿＿＿＿、＿＿＿＿＿、＿＿＿＿＿。

3.根据《建筑施工场界环境噪声排放标准》(GB 12523－2011)的要求,工程施工中昼间打桩作业噪声限值为＿＿＿＿＿dB(A)。

4.安全防护中"四口"防护是指＿＿＿＿＿、＿＿＿＿＿、＿＿＿＿＿和＿＿＿＿＿。

5.建设工程项目质量目标可分解为＿＿＿＿＿、＿＿＿＿＿、＿＿＿＿＿和＿＿＿＿＿。

二、选择题

1.由于某建设项目建成后可能产生环境噪声污染,建设单位编制了环境影响报告书,制定相应环境噪声污染防治措施,按照规定该报告书须报(　　　)批准。

A.城市规划行政部门

B.环境保护行政部门

C.工商行政部门

D.住房和城乡建设行政部门

E.分部分项工程施工进度计划

2.根据施工现场固体废物的减量化和回收再利用的要求,施工单位应采取的有效措施包括(　　)。

A.生活垃圾袋装化

B.建筑垃圾分类化

C.建筑垃圾及时清运

D.设置封闭式垃圾容器

E.建筑垃圾集中化

3.下列人员中,(　　)必须经专门培训、考试合格并取得特种作业上岗证,方可独立进行作业。

A.电工

B.电、气焊工

C.架子工

D.井架提升司机

E.混凝土振捣工

4.建筑施工对环境的常见影响有(　　)。

A.模板支拆、清理与修复作业等产生的噪声排放

B.施工现场生活垃圾

C.现场钢材、木材等主要建筑材料的消耗

D.机械、车辆使用过程中产生的尾气

E.现场用水、用电等地消耗

5.下列情况的(　　)属于高处作业安全控制的主要内容。

A.洞口、临边作业安全

B.交叉作业安全

C.攀登与悬空作业安全

D.操作平台作业安全

E.高处作业人员个人安全防护用具正确佩戴和使用

三、简答题

1.简述进度管理的技术措施。

2.简述安全施工管理制度。

3.简述施工现场的污染源,并阐述其管理措施。

4.建筑工程质量目标是什么?简述质量管理中的质量责任制度。

5.简述在确保工程质量的前提下,降低质量成本的管理措施。

实训提升

案例分析

背景:

某大型住宅小区内新建一地下车库工程,地上部分为社区活动中心,均为现浇混凝土结构,地下3层,地上2层。地下车库结构轮廓线紧临周边住宅楼,最近处距离11.7 m。本工程秋季开工,先施工地下围护结构,灌注桩支护,水泥土搅拌桩止水帷幕。地上结构围护体系施工均在白天进行,由于日间城

市环境噪声较大,且附近居民楼白天很少有人,施工噪声未造成扰民,施工工程顺利完成。

围护结构强度达到相关要求值后开始土方开挖,土方开挖时已接近冬季枯水期尾声,冬季枯水期为地下车库土方开挖的最佳季节,施工单位为抢工期采取 24 小时连续作业。在进行挖土机械、出土车辆工作时产生噪声严重影响周边居民的正常生活,居民直接向当地城管部门进行举报,城管部门现场检查后责令施工单位停工并限期整改。

问题:

(1)试给出本案例中,灌注桩工程日间、土方工程日间及夜间噪声排放标准分别为多少?

(2)土方工程夜间施工,项目经理部应如何处理噪声扰民?

(3)建筑工程施工对环境的常见影响有哪些?

项目 6 单位工程施工组织设计

（3）⋯⋯⋯⋯⋯⋯⋯⋯⋯⋯⋯⋯⋯⋯⋯⋯⋯⋯⋯⋯⋯⋯

项目目标 >>>>>>>

【知识目标】

1. 熟悉单位工程施工组织设计程序及内容；

2. 掌握单位工程中主要分部分项工程施工方案；

3. 掌握单位工程施工平面布置内容。

【技能目标】

1. 能够正确选择单位工程施工方案；

2. 能够绘制单位工程施工平面图并初步具备单位工程施工组织设计能力。

【课时建议】

12 课时

6.1　概　　述

单位工程施工组织设计是以单位工程为对象,为完成单位工程施工任务而进行合理的施工组织和选择先进的施工工艺所做的设计。

单位工程施工组织设计一般由施工单位的工程项目主管工程师负责编制,并根据项目大小,报公司总工程师审批,并由该工程监理单位的总工程师进行审查,经批准后方可实施。

6.1.1　单位工程施工组织设计编制原则

1.科学合理地安排施工程序

施工程序要反映客观规律的要求。一个单位工程的各结构部分有依附关系,如主体工程必须依附在基础工程上。因此一般将整个工程划分为几大阶段,在各个施工段之间互有搭接,应力求衔接紧凑,缩短工期。

2.采用先进的技术和进行合理的施工组织

采用先进技术是提高生产率,保证质量,加快进度和降低成本的重要途径,要积极采用新材料、新设备、新技术、新工艺,努力提高机械化程度,并注意结合工程特点和现场条件,使技术先进性和经济合理性相结合。应组织流水施工,采用网络计划安排施工进度,以保证施工连续、均衡、有节奏地进行。

3.施工方案择优选定

施工方案择优选定要从实际出发,在确保工程质量和生产安全的前提下,使方案在技术上是先进的,在经济上是合理的。

4.确保工程质量和施工安全

工程质量和施工安全是施工企业的生命,是提高效益的根本途径。因此,编制单位工程施工组织设计时,应始终把质量和安全放在首位。

5.节约基建费用和降低工程成本

应合理布置施工平面图,减少临时设施,避免二次搬运,并做到布置紧凑,节约施工用地。要在合理安排施工顺序的前提下,尽量发挥建筑机械的工效。

6.科学合理地安排冬雨季施工项目

冬雨季影响施工的正常进行,应合理安排冬雨季施工项目,采取相应的技术组织措施,确保冬雨季施工项目的质量和安全,尽量降低其增加的施工费用,保证全年施工的连续性和均衡性。

6.1.2　单位工程施工组织设计编制程序

单位工程施工组织设计的编制程序是指各个组成部分形成的先后次序及相互之间的制约关系。由于施工组织设计的工程项目各不相同,其所要求编制的内容也会有所不同,但一般可按下列步骤进行:

(1)熟悉图纸,会审施工图纸,严格遵守施工组织总设计。

(2)调查并收集有关施工资料进行研究。

(3)选择施工方案并进行技术经济比较。

(4)计算工程量,进行工料分析、统计。

(5)编制施工进度计划。

(6)编制资源配置计划。

(7)编制施工准备计划。

(8)布置施工现场平面图。

(9)编制主要施工管理计划。

(10)审批(施工单位内部审批和报监理方审批)。

以上步骤可用如图 6.1 所示的单位施工组织设计的编制程序来表示。

图 6.1　单位施工组织设计的编制程序

6.1.3　单位工程施工组织设计编制内容

单位工程施工组织设计一般应包括下述内容:

(1)工程概况。

(2)施工方案。

(3)施工进度计划。

(4)主要资源配置计划。

(5)施工平面布置。

(6)主要施工管理计划。

6.2 工 程 概 况

单位工程施工组织设计中的工程概况,是对拟建工程的整个情况所做的一个简要的、突出重点的文字介绍。其目的是了解工程项目的基本全貌,并为施工组织设计其他部分的编制提供依据。

工程概况一般包括:工程主要情况、各专业设计简介、工程施工条件和工程施工特点分析等内容。其中,工程施工特点分析是重点内容。

此部分内容在具体的表达方式上,要用简练的语言描述,力求达到简明扼要、一目了然的效果。同时为了避免出现文字叙述冗长、繁琐的情况,其内容应尽量采用图表进行说明。有时为弥补文字叙述或表格介绍的不足,必要时还可以附上拟建工程的平、立、剖面示意图,这样更加直观明了。

6.2.1 工程主要情况

工程主要情况主要包括分部(分项)工程或专项工程名称、工程参建单位(建设、勘察、设计、监理和总承包等单位)的相关情况、工程的施工范围、施工合同、招标文件或总承包单位对工程施工的重点要求等。

6.2.2 各专业设计简介

1. 建筑设计简介

建筑设计简介应依据建设单位提供的建筑设计文件进行描述,包括建筑规模,建筑功能,建筑特点,建筑耐火、防水及节能要求等,并应简单描述工程的主要装修做法。

2. 结构设计简介

结构设计简介应依据建设单位提供的结构设计文件进行描述,包括结构形式、地基基础形式、结构安全等级、抗震设防类别、主要结构构件类型及要求等。

3. 机电及设备安装专业设计简介

机电及设备安装专业设计简介应依据建设单位提供的各相关专业设计文件进行描述,包括给水、排水及采暖系统、通风与空调系统、电气系统、智能化系统、电梯等各个专业系统的做法要求。

6.2.3 工程施工条件

工程施工条件应包括下列内容:

(1)项目建设地点气象状况。

(2)项目施工区域地形和工程水文地质状况。

(3)项目施工区域地上、地下管线及相邻的地上、地下建(构)筑物情况。

(4)与项目施工有关的道路、河流等状况。

(5)当地建筑材料、设备供应和交通运输等服务能力状况。

(6)当地供电、供水、供热和通信能力状况。

(7)其他与施工有关的主要因素。

6.2.4 工程施工特点

工程施工特点主要介绍拟建工程施工过程中主要特点、难点及重点,以便在选择施工方案、组织资源供应、技术力量配备以及施工准备上采取有效措施,保证施工生产正常顺利地进行,以提高建筑业企业的经济效益和经营管理水平。如现浇钢筋混凝土高层建筑的施工特点主要有:结构和施工机具设备的稳定性要求高、钢材加工量大、混凝土浇筑难度大、脚手架搭设必须进行设计计算、安全问题突出等。

技术点睛

不同的建筑类型,在不同的条件下施工,均有其不同的施工特点,在进行工程施工特点分析时,应根据建筑类型、施工条件等因素进行分析,着重说明本工程的建筑结构的特点、施工特点,并在此基础上提出施工中特别值得重视的关键问题、重点、难点所在,重点描述设计中是否采用了新技术、新工艺、新材料、新设备等内容,以及管理上的难点和技术上的难点。

6.3 施 工 方 案

6.3.1 施工方案制定概述

施工方案的制定是一个综合的、全面的分析和对比决策的过程,既要考虑施工的技术措施,又必须考虑相应的施工组织措施。

正确选择施工方法和施工机械是制定施工方案的关键。在单位工程施工中,施工方法和施工机械的选择主要应根据工程建筑结构特点、质量要求、工期长短、资源供应条件、现场施工条件、施工单位的技术装备水平和管理水平等因素综合考虑。

1. 施工方法的选择

施工方法是指单位工程中主要分部分项工程或专项工程的施工手段和工艺,主要内容包括施工机械的选择、提出质量要求和达到质量要求的技术措施、制定切实可行的安全施工措施等。确定施工方法应遵循如下原则:

(1)要反映主要分部分项工程或专项工程拟采用的施工手段和工艺,具体反映施工中的工艺方法、工艺流程、操作要点和工艺标准以及对机具的选择与质量检验等内容。

(2)施工方法的确定应体现先进性、经济性和适用性。施工方法的确定应着重于各主要施工方法的技术经济比较,力求达到技术上先进,施工上方便、可行,经济上合理的目的。

(3)在编写深度方面,要对每个分项工程的施工方法进行宏观的描述,要体现宏观指导性、原则性,其内容应表达清楚,决策要简练。

技术点睛

施工方法的确定应具有针对性,在确定某个分部分项工程或专项工程的施工方法时,应结合本分部分项工程或专项工程的情况来制定。如模板工程应结合模板分项工程的特点来确定模板的选型、制作和安装方法,不能仅仅按施工规范谈安装要求。

2.施工机械的选择

施工机械对施工工艺、施工方法有直接的影响,施工机械化是现代化大生产的显著标志,对加快建设速度、提高工程质量、保证施工安全、节约工程成本起着至关重要的作用。因此,选择施工机械成为确定施工方案的一个主要内容。

根据工程特点,按施工阶段正确选择最适宜的主导工程的大型施工机械设备,各种机械型号、数量确定之后,列出设备的规格、型号、主要技术参数及数量,可汇总查表,参见表6.1。

表6.1 大型机械设备选择汇总

序号	大型机械名称	机械型号	主要技术参数	数量	进、退场日期
1					
2					
...					

6.3.2 基础工程施工方案

1.施工顺序的确定

基础工程施工是指室内地坪(±0.000)以下所有工程的施工。基础的类型有很多,基础的类型不同,施工顺序也不一样。下面分别以混凝土基础和桩基础为例分析施工顺序。

(1)混凝土基础。

混凝土基础的类型较多,有柱下独立基础、墙下(柱下)钢筋混凝土条形基础、杯口基础、筏板基础、箱形基础等,但其施工顺序基本相同。

钢筋混凝土基础的施工顺序为:基坑(槽)挖土→垫层施工→绑扎基础钢筋→基础支模板→浇筑混凝土→养护→拆模→回填土。如果开挖深度较大,地下水位较高,则在挖土前应进行土壁支护和施工降水等工作。

箱形基础工程的施工顺序为:支护结构施工→土方开挖→垫层施工→地下室底板施工→地下室柱、墙施工及做防水→地下室顶板施工→回填土。

(2)桩基础。

桩基础类型不同,施工顺序也不一样。通常按施工工艺将桩基础分为预制桩和灌注桩两种。

预制桩的施工顺序为:桩的制作→弹线定桩位→打桩→接桩→截桩→桩承台和承台梁施工。

灌注桩的施工顺序为:弹线定桩位→成孔→验孔→吊放钢筋笼→浇筑混凝土→桩承台和承台梁施工。

如果采用人工挖孔桩,还要进行护壁的施工,护壁与成孔挖土交替进行。

2.施工方法及施工机械

(1)土石方工程。

土石方工程包括土石方的开挖、运输、填筑、平整和压实等主要施工过程,以及排水、降水和土壁支撑等准备工作和辅助工作。

①土石方开挖方法。土石方工程有人工开挖、机械开挖和爆破3种开挖方法。人工开挖只适用于小型基坑(槽)、管沟及土方量少的场所,对大量土方一般均选择机械开挖。如果开挖难度很大,如冻土、岩石土的开挖,也可以采用爆破技术进行爆破。如果采用爆破,则应选择炸药的种类,进行药包量的计

算,确定起爆的方法和器材,并拟定爆破安全措施等。

深基坑土方的开挖,常见的开挖方式有分层全开挖、分层分区开挖、中心岛法开挖和土壕沟式开挖等。实际施工时应根据开挖深度和开挖机械确定开挖方式。

②土方施工机械的选择。土方施工机械选择的内容包括:确定土方施工机械型号、数量和行走路线,以充分利用机械能力,达到最高的机械效率。

土方施工中常用的土方施工机械有:推土机、铲运机和单斗挖土机。单斗挖土机是土方工程施工中最常用的一种挖土机械,按其工作装置不同,又分为正铲、反铲、拉铲和抓铲挖土机。

(2)基础工程。

①混凝土基础。混凝土基础的施工方案有以下3种:

a.基础模板施工方案。根据基础结构形式、荷载大小、地基土类别、施工设备和材料供应等条件进行模板及其支架的设计;并确定模板类型,支模方法,模板的拆除顺序、拆除时间及安全措施;对于复杂的工程还需绘制模板放样图。

b.钢筋工程施工方案。选择钢筋的加工(调直、切断、除锈、弯曲、成型、焊接)、运输、安装和检测方法;如钢筋制作现场预应力张拉时,应详细制定预应力钢筋的制作、安装和检测方法。确定钢筋加工所需要的设备的类型和数量。

c.混凝土工程施工方案。选择混凝土的制备方案,如采用现场制备混凝土或商品混凝土。确定混凝土原材料准备、拌制及输送方法;确定混凝土浇筑顺序、振捣、养护方法;确定施工缝的留设位置和处理方法;确定混凝土搅拌、运输或泵送、振捣设备的类型、规格和数量。

对于大体积混凝土,一般有3种浇筑方案:全面分层、分段分层、斜面分层。为防止大体积混凝土的开裂,根据结构特点的不同,确定浇筑方案;拟定防止混凝土开裂的措施。

②桩基础。桩基础类型不同,施工方法也不一样。通常按施工工艺将桩基础分为预制桩和灌注桩两种。

a.预制桩的施工方法。确定预制桩的制作程序和方法;明确预制桩起吊、运输、堆放的要求;选择起吊、运输的机械;确定预制桩打设的方法,选择打桩设备。

b.灌注桩的施工方法。根据灌注桩的类型确定施工方法;选择成孔机械的类型和其他施工设备的类型及数量;明确灌注桩的质量要求;拟定安全措施等。

3.流水施工组织

(1)基础工程流水施工组织的步骤。

①首先要列项,也就是划分施工过程。按照划分施工过程的原则,把起主导作用的、影响工期的施工过程单独列项。

②划分施工段。为了组织流水施工,按照划分施工段的原则,并结合实际工程情况划分施工段。施工段的数目一定要合理,不能过多或过少。

③组织流水施工,绘制进度计划。进度计划常用横道图和网络图两种表达方式。

(2)钢筋混凝土基础的流水施工组织。

按照划分施工过程的原则,钢筋混凝土基础可划分为挖土、垫层、支模板、绑扎钢筋、浇混凝土并养护、回填土等6个施工过程;也可将支模板、绑扎钢筋、浇混凝土并养护合并为一个施工过程,即为挖土、垫层、做基础、回填土4个施工过程,分段组织流水施工,可绘制横道图和网络图。

6.3.3 主体工程施工方案

1. 施工顺序的确定

主体结构工程的施工顺序与结构体系、施工方法有极密切的关系,应视工程具体情况合理选择。主体结构工程常用的结构体系有砖混结构、框架结构、剪力墙结构、装配式工业厂房结构等。

(1)砖混结构。砖混结构主体的楼板可预制也可现浇,楼梯一般都现浇。若楼板为预制构件时,砖混结构主体工程的施工顺序为:搭脚手架→砌墙→安装门窗框→安装门窗过梁→现浇圈梁和构造柱→现浇楼梯→安装楼板→浇板缝→现浇雨篷及阳台等。

当楼板现浇时,其主体工程的施工顺序为:搭脚手架→构造柱绑扎钢筋→墙体砌筑→安装门窗过梁→支构造柱模板→浇构造柱混凝土→安装梁、板、楼梯模板→绑扎梁、板、楼梯钢筋→浇梁、板、楼梯混凝土→现浇雨篷及阳台等。

(2)框架结构。框架结构的施工方案会影响其主体工程的施工顺序。

①当楼层不高或工程量不大时,柱、梁、板可一次整体浇筑,柱与梁、板间不留施工缝。柱浇筑后,须停顿 $1\sim1.5$ h,待混凝土初步沉实后,再浇筑其上的梁、板,以免因柱混凝土下沉在梁、柱接头处形成裂缝。

梁柱板整体现浇时,框架结构主体的施工顺序一般为:绑扎柱钢筋→支柱、梁、板模板→绑扎梁、板钢筋→浇柱、梁、板混凝土→养护→拆模。

②当楼层较高或工程量较大时,柱与梁、板间分两次浇筑,柱与梁、板间施工缝留在梁底。待柱混凝土强度达到 1.2 N/mm² 以上后,再浇筑梁和板。

先浇柱后浇梁、板时,框架结构主体的施工顺序一般为:绑扎柱钢筋→支柱、梁、板模板→浇柱混凝土→绑扎梁、板钢筋→浇梁、板混凝土→养护→拆模。

(3)剪力墙结构。主体结构为现浇钢筋混凝土剪力墙,可采用大模板或滑模工艺。

现浇钢筋混凝土剪力墙结构采用大模板工艺,分段组织流水施工,施工速度快,结构整体性、抗震性好。其标准层的施工顺序一般为:弹线→绑扎墙体钢筋→支墙模板→浇筑墙身混凝土→养护→拆墙模板→支楼板模板→绑扎楼板钢筋→浇筑楼板混凝土。随着楼层施工,电梯井、楼梯等部位也逐层插入施工。

(4)装配式工业厂房。装配式工业厂房的构件都是预制构件,通常采用工厂预制和工地预制相结合的方法进行。

①预制阶段的施工顺序。现场预制钢筋混凝土柱的施工顺序为:场地平整夯实→支模板→绑扎钢筋→安放预埋件→浇筑混凝土→养护→拆模。

现场预制预应力屋架的施工顺序为:场地平整夯实→支模板→绑扎钢筋→安装预埋件→预留孔道→浇筑混凝土→养护→拆模→预应力筋张拉→锚固和灌浆。

②结构安装阶段的施工顺序。装配式工业厂房的结构安装是整个厂房施工的主导施工过程,其他施工过程应配合安装顺序。结构安装阶段的施工顺序为:安装柱子→安装柱间支撑→安基础梁→连系梁→吊车梁→屋架、天窗架和屋面板等。每个构件的安装工艺顺序为:绑扎→起吊→就位→临时固定→校正→最后固定。

2.施工方法及施工机械

(1)测量控制工程。

①说明测量工作的总要求:测量工作应由专人操作,操作人员必须按照操作程序、操作规程进行,经常进行仪器、测量设备的检查验证,配合好各工序的穿插和检查工作。

②工程轴线的控制和引测:说明实测前的准备工作和建筑物平面位置的测设方法,各层轴线的定位、放线方法及轴线控制方法。

③标高的控制和引测:说明实测前的准备工作,标高的控制和引测方法。

④垂直度控制:说明建筑物垂直控制方法,并说明确保控制质量的措施。

⑤沉降观测:可根据设计要求,说明沉降观测的方法、步骤和要求。

(2)脚手架工程。

①明确脚手架的基本要求。脚手架应由架子工搭设;应满足工人操作、材料堆放和运输的需要;要坚固稳定,安全可靠;搭设简单,搬移方便;尽量节约材料,能多次周转使用。

②选择脚手架的类型。脚手架的种类很多,按其搭设的位置分为外脚手架和里脚手架;按其所用材料分为木脚手架、竹脚手架与金属脚手架;按其构造形式分为多立杆式、框式、悬挑式、吊式、升降式等。目前最常用的是多立杆式(钢管扣件式)脚手架;高于 50 m 的高层建筑常采用的是外挂脚手架。

③确定脚手架搭设方法和技术要求。多立杆式脚手架有单排和双排两种形式,一般采用双排;并确定脚手架的搭设宽度和每步架高;为了保证脚手架的稳定,要设置连墙杆、剪刀撑、抛撑等支撑体系,并确定其搭设方法和设置要求。

④脚手架的安全防护。为了保证安全,脚手架通常要挂安全网,确定安全网的布置,并对脚手架采取避雷措施。

(3)砌筑工程。

①明确砌筑质量和要求。砌体一般要求灰缝横平竖直,砂浆饱满,厚薄均匀,上下错缝,内外搭接,接槎牢固,墙面垂直。

②明确砌筑工程施工中的流水分段和劳动组合形式。

③确定墙体的组砌形式和方法。普通砖墙的砌筑形式主要有:一顺一丁、三顺一丁、两平一侧、梅花丁和全顺式。普通砖墙的砌筑方法主要有"三一"砌砖法、挤浆法、刮浆法和满口灰法。

④确定砌筑工程施工方法。

砖墙的砌筑方法一般有抄平放线、摆砖、立皮数杆、盘角、挂线、砌筑和勾缝清理等工序。

a.砌块的砌筑方法。在施工之前,应确定大规格砌块砌筑的方法和质量要求;选择砌筑形式;确定皮数杆的数量和位置;明确弹线及皮数杆的控制方法和要求;绘制砌块排列图;选择专门设备吊装砌块。砌块安装的主要工序为:铺灰、吊砌块就位、校正、灌缝和镶砖。砌块墙在砌筑吊装前,应先画出砌块排列图。砌块排列图是根据建筑施工图上门窗大小、层高尺寸、砌块错缝、搭接的构造要求和灰缝大小,把各种规格的砌块排列出来。需要镶砖的地方,在排列图上要画出,镶砖应尽可能对称分散。砌块排列,主要是以立面图表示,每片墙绘制一张排列图。

b.砖柱的砌筑方法。矩形砖柱的砌筑方法,应使柱面上下皮砖的竖缝至少错开 1/4 砖长,柱心无通缝,少砍砖并尽量利用 1/4 砖。不得采用先砌四周后填心的包心砌法。包心柱从外观看来,好像没有通缝,但其中间部分有通天缝,整体性差,不允许采用。

c.砖垛的砌筑方法。砖垛的砌法,要根据墙厚不同及垛的大小而定,无论哪种砌法都应使垛与墙身逐皮搭接,切不可分离砌筑,搭接长度至少为1/4砖长。根据错缝需要可加砌3/4砖或半砖。当砌完一个施工层后,应进行墙面、柱面的勾缝和清理,以及落地灰的清理。

⑤确定施工缝留设位置和技术要求。

施工段的分段位置应设在伸缩缝、沉降缝、防震缝或门窗洞口处。

⑥确定砌筑工程质量检查方法。

(4)钢筋混凝土工程。

现浇钢筋混凝土工程由模板、钢筋、混凝土3个工种相互配合进行。

①模板工程。根据工程结构形式、荷载大小、施工设备和材料供应等条件进行模板及其支架的设计,并确定支模方法、模板拆除顺序及安全措施,模板拆模时间和有关要求,对复杂工程需进行模板设计和绘制模板放样图。

a.木模板施工。

柱模板。柱模板是由两块相对的内拼板夹在两块外拼板之间钉成。

梁模板。梁模板主要由侧模、底模及支撑系统组成。

楼板模板。楼板模板由底模和支架系统组成。

楼梯模板。楼梯模板安装时,在楼梯间的墙上按设计标高画出楼梯段、楼梯踏步及平台板、平台梁的位置。

肋形楼盖模板安装的全过程:安装柱模底框、立柱模、校正柱模、水平和斜撑固定柱模、安主梁底模、立主梁底模的琵琶撑、安主梁侧模、安次梁底模、立次梁模板的琵琶撑、安次梁固定夹板、立次梁侧模、在次梁固定夹板立短撑、在短撑上放楞木、楞木上铺楼板底模板、纵横方向用水平撑和剪刀撑连接主次梁的琵琶撑,使之成为稳定坚实的临时性空间结构。

b.钢模板施工。定型组合钢模板由钢模板、连接件和支承件组成。施工时可在现场直接组装,也可预拼装成大块模板用起重机吊运安装。组合钢模板的设计应使钢模板的块数最少,木板镶拼补量最少,并合理使用转角模板,使支承件布置简单,钢模板尽量采用横排或竖排,不用横竖兼排的方式。

c.模板拆除。现浇结构模板的拆除时间,取决于结构的性质、模板的用途和混凝土硬化速度。模板的拆除顺序一般是先支后拆、后支先拆,先拆除非承重部分后拆除承重部分,一般谁安谁拆。重大复杂的模板拆除,事先应制定拆除方案。框架结构模板的拆除顺序,首先是柱模板,然后是楼板底模和梁侧模板,最后是梁底模板。多层楼板模板支架的拆除,应按下列要求进行:上层楼板正在浇注混凝土时,下一层楼板支柱不得拆除,再下一层楼板的支柱仅可拆除一部分;跨度4 m及4 m以上的梁下均应保留支柱,其间距不得大于3 m。

②钢筋工程。

a.钢筋加工。钢筋加工工艺流程:材质复验及焊接试验→配料→调直→除锈→断料→焊接→弯曲成型→成品堆放。

b.钢筋的连接。钢筋连接方法有:绑扎连接、焊接和机械连接。施工规范规定,受力钢筋优先选择焊接和机械连接,并且接头应相互错开。

钢筋的焊接方法有:闪光对焊、电弧焊、电渣压力焊、电阻点焊和气压焊等。不同的焊接方法适用于不同的情况。

c.钢筋的绑扎和安装。钢筋绑扎安装前先熟悉施工图纸,核对成品钢筋的钢号、直径、形状、尺寸和数量等是否与配料单和料牌相符,研究钢筋安装和有关工种的配合顺序,准备绑扎用的铁丝、绑扎工具等。

d.钢筋保护层施工。控制钢筋的混凝土保护层可用水泥砂浆垫块或塑料卡。

③混凝土工程。混凝土制备方案(商品混凝土或现场拌制混凝土),确定混凝土原材料准备、搅拌、运输及浇筑顺序和方法以及泵送混凝土和普通垂直运输混凝土的机械选择;确定混凝土搅拌、振捣设备的类型和规格、养护制度及施工缝的位置和处理方法。

a.混凝土的搅拌。拌制混凝土可采用人工或机械拌制方法,人工拌和一般用"三干三湿"法。只有当混凝土用量不多或无机械时才采用人工拌制,一般都用搅拌机拌制混凝土。

b.混凝土的运输。混凝土在运输过程中要求做到:保持混凝土的均匀性,不产生严重的分层离析现象;运输时间不宜过长,应保证混凝土在初凝前浇入模板内捣实完毕。

c.混凝土的浇筑。混凝土浇筑前应检查模板、支架、钢筋和预埋件,并进行验收。浇筑混凝土时一定要防止产生分层离析,为此需控制混凝土自高处倾落的自由倾落高度不应超过 2 m,在竖向结构中自由倾落高度不宜超过 3 m,否则应采用串筒、溜槽、溜管等下料。浇筑竖向结构混凝土前先要在底部填筑一层 50～100 mm 厚与混凝土成分相同的水泥砂浆。

d.混凝土的振捣。混凝土的捣实方法有人工和机械两种。人工捣实是用钢钎、捣锤或插钎等工具,这种方法仅适用于塑性混凝土,当缺少振捣机械或工程量不大的情况下采用。有条件时尽量采用机械振捣的方法,常用的振捣机械有内部振动器(振动棒)、表面振动器(平板振动器)、外部振动器(附着式振动器)和振动台等。

e.混凝土的养护。混凝土养护方法分自然养护和人工养护。现浇构件多采用自然养护,只有在冬期施工、温度很低时,才采用人工养护。采用自然养护时,在混凝土浇筑完毕后一定时间内要覆盖并浇水养护。

④预应力混凝土的施工方法、控制应力和张拉设备。预应力钢材、锚夹具、张拉设备的选用和验收,成孔材料及成孔方法(包括灌浆孔、泌水孔),端部和梁柱节点处的处理方法,预应力张拉力、张拉程序以及灌浆方法、要求等;混凝土的养护及质量评定。如钢筋在现场进行预应力张拉时,应详细制定预应力钢筋的制作、安装和检测方法。

(5)结构安装工程。

根据起重重量、起重高度、起重半径,选择起重机械,确定结构安装方法,拟订安装顺序,起重机开行路线及停机位置;构件平面布置设计,工厂预制构件的运输、装卸、堆放方法;现场预制构件的就位、堆放的方法,吊装前的准备工作,主要工程量和吊装进度的确定。

①确定起重机类型、型号和数量。在单层工业厂房结构安装工程中,如采用自行式起重机,一般选择分件吊装法,起重机在厂房内 3 次开行才能吊装完厂房结构构件;而选择桅杆式起重机,则必须采用综合吊装法。综合吊装法与分件吊装法起重机开行路线及构件平面布置是不同的。

当厂房面积较大时,可采用两台或多台起重机安装,柱子和吊车梁、屋盖系统分别流水作业,可加速工期。对一般中、小型单层厂房,选用一台起重机为宜,这在经济上比较合理,对于工期要求特别紧迫的工程,则作为特殊情况考虑。

②确定结构构件安装方法。工业厂房结构安装法有分件吊装法和综合吊装法两种。单层厂房安装顺序通常采用分件吊装法。

③构件制作平面布置、拼装场地、机械开行路线。

④确定构件运输、装卸、堆放和所需机具设备型号、数量和运输道路要求。

(6)围护工程。

围护工程阶段的施工包括搭脚手架、内外墙体砌筑、安装门窗框等。在主体工程结束后,或完成一部分区段后即可开始内外墙砌筑工程的分段施工。此时,不同的分项工程之间可组织立体交叉、平行流水施工。内隔墙的砌筑则应根据内隔墙的基础形式而定,有的需在地面工程完成后进行,有的则可以在地面工程之前与外墙同时进行。

(7)现场垂直和水平运输。

确定垂直运输量,选择垂直运输和水平运输方式,运输设备的型号和数量,配套使用的专用器具设备。确定地面和楼面水平运输的行驶路线,确定垂直运输机械的停机位置。综合安排各种垂直运输设施的工作任务和服务范围。

常用的垂直运输设施有塔式起重机、井架、龙门架、建筑施工电梯等。

3.流水施工组织

(1)主体工程流水施工组织的步骤。

①首先要列项,也就是划分施工过程。按照划分施工过程的原则,把起主导作用的、影响工期的施工过程单独列项。

②划分施工段。为了组织流水施工,按照划分施工段的原则,并结合实际工程情况划分施工段。施工段的数目一定要合理,不能过多或过少。

③组织专业班组。按工种组织单一或混合专业班组,连续施工。

④组织流水施工,绘制进度计划。进度计划常有横道图和网络图两种表达方式。

(2)砖混结构的流水施工组织。

砖混结构主体工程可以采用按砖混主体标准层划分砌砖墙、楼板施工两个施工过程,分段组织流水施工,绘制横道图和网络图。

(3)框架结构主体工程的流水施工组织。

按照划分施工过程的原则,把有些施工过程合并,框架结构主体梁柱板一起浇注时,可划分为4个施工过程:绑扎柱钢筋,支柱梁板模板,绑扎梁板钢筋,浇筑混凝土。各施工过程均包含楼梯间部分的施工。

6.3.4 屋面防水施工方案

1.施工顺序的确定

屋面防水工程的施工顺序手工操作多、需要时间长,应在主体结构封顶后尽快完成,使室内装饰尽早进行。一般情况下,屋面工程可以和装饰工程搭接或平行施工。

屋面防水工程可分为柔性防水和刚性防水两种。防水工程施工工艺要求严格细致,一丝不苟,应避开雨季和冬季施工。

(1)柔性防水屋面的施工顺序。

南方温度较高,一般不做保温层,无保温层、架空层的柔性防水屋面的施工顺序一般为:结构基层处理→找平找坡→冷底子油结合层→铺卷材防水层→做保护层。

北方温度较低,一般要做保温层,有保温层的柔性防水屋面的施工顺序一般为:结构基层处理→找平层→隔气层→铺保温层→找平找坡→冷底子油结合层→铺卷材防水层→做保护层。

(2)刚性防水屋面的施工顺序。

刚性防水屋面最常用细石混凝土屋面。细石混凝土防水屋面的施工顺序为:结构基层处理→隔离层→细石混凝土防水层→养护→嵌缝。

2. 施工方法及施工机械

确定屋面材料的运输方式,屋面工程各分项工程的施工操作及质量要求;材料运输及储存方式,各分项工程的操作及质量要求,新材料的特殊工艺及质量要求,确定工艺流程和劳动组织进行流水施工。

(1)卷材防水屋面的施工方法。

卷材防水屋面又称为柔性防水屋面,是用胶结材料粘贴卷材进行防水。常用的卷材有沥青防水卷材、高聚物改性沥青防水卷材和合成高分子防水卷材等三大系列。

卷材的铺贴方法有以下几种:

①高聚物改性沥青卷材热熔法施工。

②高聚物改性沥青卷材冷粘法施工。

③高聚物改性沥青卷材自粘法施工。

④合成高分子防水卷材施工。合成高分子防水卷材施工方法有冷粘法、自粘法、热风焊接法。

(2)细石混凝土刚性防水屋面的施工方法。

刚性防水屋面最常用细石混凝土防水屋面,它由结构层、隔离层和细石混凝土防水层 3 层组成。

刚性防水屋面的结构层宜为整体浇筑的钢筋混凝土结构。隔离层施工,在结构层与防水层之间设有一道隔离层,以便结构层与防水层的变形互不制约,从而减少防水层受到的拉应力,避免开裂。隔离层可用石灰黏土砂浆或纸筋灰、麻筋灰、卷材、塑料薄膜等起隔离作用的材料制成。

3. 流水施工组织

(1)屋面防水工程流水施工组织的步骤。

①首先要列项,也就是划分施工过程。按照划分施工过程的原则,把起主导作用的、影响工期的施工过程单独列项。

②划分施工段。为了组织流水施工,按照划分施工段的原则,并结合实际工程情况划分施工段。施工段的数目一定要合理,不能过多或过少。屋面工程组织施工时若没有高低层,或没有设置变形缝,一般不分段施工,而是采用依次施工的方式组织施工。

③绘制进度计划。进度计划常有横道图和网络图两种表达方式。

(2)柔性防水屋面的施工组织。

①无保温层、架空层的柔性防水屋面一般划分为:找平找坡、铺卷材、做保护层 3 个施工过程。组织依次或流水施工。

②有保温层的柔性防水屋面一般划分为:找平层、铺保温层、找平找坡、铺卷材、做保护层等 5 个施工过程。组织依次或流水施工。

(3)刚性防水屋面的施工组织。

刚性防水屋面划分为:细石混凝土防水层(含隔离层)、养护、嵌缝 3 个施工过程。对于工程量小的屋面也可以把屋面防水工程只作为一个施工过程对待。

6.3.5 装饰装修工程施工方案

1. 施工顺序的确定

(1)室内装饰与室外装饰之间的施工顺序。

室内外装饰工程的施工顺序通常有先内后外、先外后内、内外同时进行 3 种,具体确定哪种顺序,应视施工条件和气候条件而定。通常室外装饰应避开冬季或雨季。当室内为水磨石楼面时,为防止楼面施工时水的渗漏对外墙面的影响,应先完成水磨石的施工;如果为了加快脚手架周转或要赶在冬季或雨季到来之前完成外装修,则应采取先外后内的顺序。

(2)内装饰的施工顺序和施工流向。

①施工流向。室内装饰工程一般有自上而下、自下而上、自中而下再自上而中3种施工流向。

②内装饰整体施工顺序。内装饰工程施工顺序随装饰设计的不同而不同。例如:某框架结构主体室内装饰工程施工顺序为:结构基层处理→放线→做轻质隔墙→贴灰饼冲筋→立门窗框→各类管道水平支管安装→墙面抹灰→管道试压→墙面喷涂贴面→吊顶→地面清理→做地面、贴地砖→安门窗扇→安风口、灯具、洁具→调试→清理。

③同一层内装饰的施工顺序。同一层的室内抹灰施工顺序有:楼地面→顶棚→墙面和顶棚→墙面→地面两种。

(3)外装饰的施工顺序和施工流向。

①外装饰的施工流向。室外装饰工程一般都采取自上而下施工流向,即从女儿墙开始,逐层向下进行。在由上往下每层所有分项工程(工序)全部完成后,即开始拆除该层的脚手架,拆除外脚手架后,填补脚手眼,待脚手眼灰浆干燥后再进行室内装饰。各层完工后,则可以进行勒脚、散水及台阶的施工。

②外装饰整体施工顺序。外装饰工程施工顺序随装饰设计的不同而不同。例如:某框架结构主体室外装饰工程施工顺序为:结构基层处理→放线→贴灰饼冲筋→立门窗框→抹墙面底层抹灰→墙面中层找平抹灰→墙面喷涂贴面→清理→拆本层外脚手架→进行下一层施工。

由于大模板墙面平整,只需在板面刮腻子,面层刷涂料。大模板不采用外脚手架,结构外装饰采用吊式脚手架(吊篮)。

2. 施工方法及施工机械

(1)室内装饰施工方法和施工机具。

①楼地面工程。楼地面按面层材料不同可分为水泥砂浆地面、细石混凝土楼地面、现浇水磨石地面、块材地面(陶瓷锦砖、瓷砖、地砖、大理石、花岗岩、碎拼大理石以及预制混凝土、水磨石等)、木质地面、地毯地面等。

a. 水泥砂浆地面的施工。水泥砂浆地面施工工艺:基层处理→找规矩→基层湿润、刷水泥浆→铺水泥砂浆面层→拍实并分3遍压光→养护。水泥砂浆地面施工常用的施工机具有:铁抹子、木抹子、刮尺、地面分格器等。

b. 细石混凝土地面的施工。细石混凝土地面施工工艺:基层处理→找规矩→基层湿润、刷水泥浆→铺细石混凝土面层→刮平拍实→用铁滚筒滚压密实并进行压光→养护。常用的施工机具有:铁抹子、木抹子、刮尺、地面分格器、振动器、滚筒等。

c. 现浇水磨石地面的施工。现浇水磨石地面施工工艺:基层找平→设置分格条、嵌固分格条→养护及修复分格条→基层湿润、刷水泥素浆→铺水磨石粒浆→拍实并用滚筒滚压→铁抹抹平→养护→试磨→初磨→补粒上浆养护→细磨→补粒上浆养护→磨光→清洗→晾干→擦草酸→清洗、晾干、打蜡→养护。

水磨石的磨光一般常用"二浆三磨"法,即整个磨光过程为磨光3遍,补浆两次。现浇水磨石地面常用的施工机具有:磨石机、湿式磨光机、滚筒、铁抹子、木抹子、刮尺、水平尺等。

d. 块材地面的施工。块材地面主要包括陶瓷锦砖、瓷砖、地砖、大理石、花岗岩、碎拼大理石以及预制混凝土、水磨石地面等。

大理石、花岗岩、预制水磨石板施工工艺:基层处理→弹线→试拼、试铺→板块浸水→刷浆→铺水泥砂浆结合层→铺块材→灌缝、擦缝→上蜡。

碎拼大理石:基层处理→抹找平层→铺贴→浇石碴浆→磨光→上蜡。

陶瓷地砖楼地面:基层处理→做灰饼、冲筋→做找平层→板块浸水阴干→弹线→铺板块→压平拨缝→嵌缝→养护。

铺设前一般应在干净湿润的基层上浇水灰比为 0.5 的素水泥浆,并及时铺抹水泥砂浆找平层。贴好的块材应注意养护,粘贴 1 天后,每天洒水少许,并防止地面受外力振动,需养护 3～5 天。块材地面施工常用的施工机具有:石材切割机、钢卷尺、水平尺、方尺、墨斗线、尼龙线靠尺、木刮尺、橡皮锤或木锤、抹子、喷水壶、灰铲、钢丝刷、台钻、砂轮、磨石机等。

e.木质地面的施工。木质地面施工工艺分为以下 3 种。

普通实木地板榍栅式的施工工艺:基层处理→安装木榍栅、撑木→钉毛地板(找平、刨平)→弹线、钉硬木地板→钉踢脚板→刨光、打磨→油漆。

粘贴式施工工艺:基层处理→弹线定位→涂胶→粘贴地板→刨光、打磨→油漆。

复合地板的施工工艺:基层处理→弹线找平→铺垫层→试铺预排→铺地板→安装踢脚板→清洁表面。

木地板施工之前,应在墙四周弹水平线,以便于找平。面板的铺设有两种方法:钉固法和粘贴法。复合地板只能悬浮安装,不能将地板粘固或者钉在地面上。铺装前需要铺设一层垫层,例如:聚乙烯泡沫塑料薄膜或较厚的发泡底垫等材料,然后铺设复合地板。木地板铺设常用的机具有:小电锯、小电刨、平刨、电动圆锯(台锯)、冲击钻、手电钻、磨光机、手锯、手刨、锤子、斧子、凿子、螺丝刀、撬棍、方尺、木折尺、墨斗、磨刀石、回力钩等。

f.地毯地面的施工。固定式地毯地面施工工艺:基层处理→裁割地毯→固定踢脚板→固定倒刺钉板条→铺设垫层→拼接地毯→固定地毯→收口、清理。活动式地毯地面施工工艺:基层处理→裁割地毯→(接缝缝合)→铺设→收口、清理。

地毯铺设方式可分为满铺和局部铺设两种。铺设的方法有固定式与活动式。

②内墙装饰工程。内墙饰面的类型,按材料和施工方法的不同可分为抹灰类、贴面类、涂刷类、裱糊类等。

a.抹灰类内墙饰面的施工。内墙一般抹灰的施工工艺:基层处理→做灰饼、冲筋→阴阳角找方→门窗洞口做护角→抹底层灰及中层灰→抹罩面灰。常用的施工机具有:木抹子、塑料抹子、铁抹子、钢抹子、压板、阴角抹子、阳角抹子、托灰板、挂线板、方尺、八字靠尺及钢筋卡子、刮尺、筛子、尼龙线等。

b.贴面类内墙饰面砖的施工。内墙饰面砖(板)的施工工艺:基层处理→做找平层→弹线、排砖→浸砖→贴标准点→镶贴→擦缝。常用的施工机具有:手提切割机、橡皮锤(木锤)、千锤、水平尺、靠尺、开刀、托线板、硬木拍板、刮杠、方尺、墨斗、铁铲、拌灰桶、尼龙线、薄钢片、手动切割器、细砂轮片、棉丝、擦布、胡桃钳等。

c.涂料类内墙饰面的施工。涂料类内墙饰面的施工工艺:基层处理→填补腻子、局部刮腻子→磨平→第一遍满刮腻子→磨平→第二遍满刮腻子→磨平→第一遍喷涂涂料→第二遍喷涂涂料→局部喷涂涂料。内墙涂料品种繁多,其施涂方法基本上都是采用刷涂、喷涂、滚涂、抹涂、刮涂等。不同的涂料品种会有一些微小差别。常用的施工机具有:刮铲、钢丝刷、尖头锤、圆头锉、弯头刮刀、棕毛刷、羊毛刷、排笔、涂料辊、喷枪、高压无空气喷涂机、手提式涂料搅拌器等。

d.裱糊类内墙饰面的施工。壁纸裱糊施工工艺:基层处理→弹线→裁纸编号→焖水→刷胶→上墙裱糊→清理修整表面。常用的施工机具有:活动裁纸刀、刮板、薄钢片刮板、胶皮刮板、塑料刮板、胶滚、铝合金直尺、裁纸案台、钢卷尺、水平尺、2 m直尺、普通剪刀、粉线包、软布、毛巾、排笔及板刷、注射用针管及针头等。

e.大型饰面板的安装施工。大型饰面板的安装多采用浆锚法和干挂法施工。

③顶棚装饰工程。顶棚的做法有抹灰、涂料以及吊顶。抹灰及涂料天棚的施工方法与墙面大致相同。吊顶顶棚主要是由悬挂系统、龙骨架、饰面层及其相配套的连接件和配件组成。

a.吊顶工程施工工艺:弹线→固定吊筋→吊顶龙骨的安装→罩面板的安装。

b.施工方法和施工机具的选择。

罩面板的安装,一般采用粘合法、钉子固定法、方板搁置式、方板卡入式安装等。

吊顶常用的施工机具有:电动冲击钻、手电钻、电动修边机、木刨、槽刨、无齿锯、射钉枪、手锯、手刨、螺丝刀、扳手、方尺、钢尺、钢水平尺、锯、锤、斧、卷尺、水平尺、墨线斗等。

(2)外装饰施工方法和施工机具。

外装饰施工方法与内装饰大致相同,不同的是外墙受温度影响较大,通常需设置分格缝,就多了分格条的施工过程。

3.流水施工组织

(1)装饰工程流水施工组织的步骤。

①划分施工过程。按照划分施工过程的原则,把起主导作用的、影响工期的施工过程单独列项。

②划分施工段。为了组织流水施工,按照划分施工段的原则,并结合实际工程情况划分施工段。施工段的数目一定要合理,不能过多或过少。

③组织专业班组。按工种组织单一或混合专业班组,连续施工。

④组织流水施工,绘制进度计划。按照流水施工组织方式,组织流水施工。

(2)装饰工程的流水施工组织。

装饰工程平面上一般不分段,立面上分段,通常把一个结构楼层作为一个施工段。外装饰可划分为一个施工过程,采用自上而下的流向组织施工。内装饰一般划分为楼地面施工、天棚及内墙抹灰(内抹灰)、门窗扇的安装、涂料工程4个施工过程。可采用自上而下或自下而上的流向组织施工,绘制时按楼层排列。

6.4　施工进度计划

单位工程施工进度计划是在确定了施工部署和施工方案的基础上,根据合同规定的工期、工程量和投入的资金、劳动力等各种资源供应条件,遵循工程的施工顺序,用图表的形式表示各分部分项工程搭接关系及工程开竣工时间的一种计划安排。

6.4.1　施工进度计划的作用

(1)控制单位工程的施工进度,保证在规定工期内完成符合质量要求的工程任务。

(2)确定单位工程中各分部分项工程的施工顺序、施工持续时间、相互衔接和合理配合关系。

（3）为编制季度、月、旬生产作业计划提供依据。

（4）为编制各种资源需要量计划和施工准备工作计划提供依据。

（5）具体指导现场的施工安排。

6.4.2 施工进度计划的分类

根据工程规模大小、结构的复杂程度、工期长短及工程的实际需要,单位工程施工进度计划一般可分为控制性进度计划和指导性进度计划。

1. 控制性进度计划

控制性进度计划是以单位工程或分部工程作为施工项目划分对象,用以控制各单位工程或分部工程的施工时间及它们之间互相配合、搭接关系的一种进度计划,常用于工程结构较为复杂、规模较大、工期较长或资源供应不落实、工程设计可能变化的工程。

2. 指导性进度计划

指导性进度计划是以分部分项工程作为施工项目划分对象,具体确定各主要施工过程的施工时间及相互间搭接、配合的关系。对于任务具体而明确、施工条件基本落实、各种资源供应基本满足、施工工期不太长的工程均应编制指导性进度计划;对编制了控制性进度计划的单位工程,当各单位工程或分部工程及施工条件基本落实后,也应在施工前编制出指导性进度计划,不能以"控制"代替"指导"。

6.4.3 施工进度计划的表示方法

施工进度计划的表示方法通常有两种图表,即横道图和网络图,施工进度计划横道图表见表 6.2。

表 6.2 施工进度计划横道图表

序号	分部分项工程名称	工程量		定额	劳动量		机械量		工作班制	每班人数	工作天数	施工进度							
												××月					××月		
		单位	数量		工种	数量	机械名称	台班数量				5	10	15	20	25	5	10	…
1																			
2																			
…																			

横道图由左、右两大部分所组成,表的左边部分列出了分部分项工程的名称、工程量、定额(劳动定额或时间定额)和劳动量、人数、持续时间等计算数据;表的右边部分是从规定的开工日起到竣工之日止的进度指示图表,用不同线条来形象地表现各个分部分项工程的施工进度和搭接关系。有时也在进度指示图表下方汇总每天的资源需要量,组成资源需求量动态曲线。

6.4.4 施工进度计划的编制依据

（1）工程项目的全部设计图纸,包括工程的初步设计或扩大初步设计、技术设计、施工图设计、设计说明书、建筑总平面图等。

（2）工程项目有关概(预)算资料、指标、劳动力定额、机械台班定额和工期定额。

（3）施工承包合同规定的进度要求和施工组织设计。

（4）施工总方案（施工部署和施工方案）。

（5）工程项目所在地区的自然条件和技术经济条件，包括气象、地形地貌、水文地质、交通水电条件等。

（6）工程项目需要的资源，包括劳动力状况、机具设备能力、物资供应来源条件等。

（7）地方建设行政主管部门对施工的要求。

（8）国家现行的建筑施工技术、质量、安全规范、操作规程和技术经济指标。

6.4.5　施工进度计划的编制程序

单位工程施工进度计划的编制程序如图 6.2 所示。

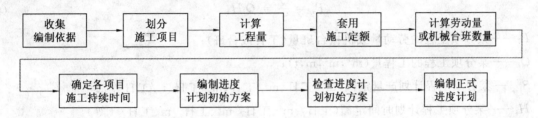

图 6.2　单位工程施工进度计划的编制程序

6.4.6　施工进度计划的编制步骤

1. 划分施工项目

编制施工进度计划时，首先应按照图纸和施工顺序，将拟建单位工程的各个施工过程列出，并结合施工方法、施工条件和劳动组织等因素，加以适当调整后确定。

施工项目是包括一定工作内容的施工过程，它是施工进度计划的基本组成单元。施工项目内容的多少，划分的粗细程度，应该根据计划的需要来决定。对于大型建设工程，经常需要编制控制性施工进度计划，此时工作项目可以划分得粗一些，一般只明确到分部工程即可。如果编制实施性施工进度计划，工作项目就应划分得细一些。在一般情况下，单位工程施工进度计划中的施工项目应明确到分项工程或更具体的工程，以满足指导施工作业、控制施工进度的要求。

由于单位工程中的施工项目较多，应在熟悉施工图纸的基础上，根据建筑结构特点及已确定的施工方案，按施工顺序逐项列出，以防止漏项或重项。凡是与工程对象施工直接有关的内容均应列入计划，而不属于直接施工的辅助性项目和服务性项目则不必列入。

另外，有些分项工程在施工顺序上和时间安排上是相互穿插进行的，或者是由同一专业施工队完成的，为了简化进度计划的内容，应尽量将这些项目合并，以突出重点。

2. 计算工程量

工程量的计算应根据施工图和工程量计算规则，针对所划分的每一个施工项目进行。计算工程量时应注意以下问题：

（1）工程量的计算单位应与现行定额手册中所规定的计量单位相一致，以便计算劳动力、材料和机械数量时直接套用定额，而不必进行换算。

（2）要结合具体的施工方法和安全技术要求计算工程量。

（3）应结合施工组织的要求，按已划分的施工段分层分段进行计算。

3. 套用施工定额

确定了施工项目及其工程量之后,即可套用建筑工程施工定额,以确定劳动量和机械台班量。

在套用国家或当地颁布的定额时,必须注意结合本单位工人的技术等级、实际操作水平、施工机械情况和施工现场条件等因素,确定定额的实际水平,使计算出来的劳动量、机械台班量等符合实际需要。

4. 计算劳动量和机械台班量

根据施工项目的工程量和所采用的定额,即可按下式计算出各施工项目所需要的劳动量和机械台班量:

$$P_i = \frac{Q_i}{S_i} = Q_i H_i \tag{6.1}$$

式中 P_i——某分项工程的劳动量或机械台班量(工日或台班);

      Q_i——某分项工程的工程量(m^3,m^2,m,t);

      S_i——某分项工程计划产量定额(m^3/工日、m^2/工日、m/工日、t/工日等);

      H_i——某分项工程计划时间定额(工日/m^3、工日/m^2、工日/m、工日/t等)。

当某施工项目是由若干个分项工程合并而成时,其总劳动量应按下式计算:

$$P_{总} = \sum_{i=1}^{n} p_1 + p_2 + \cdots + p_n \tag{6.2}$$

当某施工项目是由同一工种,但不同做法、不同材料的若干个分项工程合并而成时,则应分别根据各分项工程的时间定额(或产量定额)及工程量,按下式计算出合并后的综合产量定额(或综合时间定额):

$$\overline{S} = \frac{\sum_{i=1}^{n} Q_i}{\sum_{i=1}^{n} P_i} = \frac{Q_1 + Q_2 + \cdots + Q_n}{p_1 + p_2 + \cdots + p_n} = \frac{Q_1 + Q_2 + \cdots + Q_n}{\dfrac{Q_1}{S_1} + \dfrac{Q_2}{S_2} + \cdots + \dfrac{Q_n}{S_n}} \tag{6.3}$$

$$\overline{H} = \frac{1}{\overline{S}} \tag{6.4}$$

式中 $\overline{S}$——某施工项目的综合产量定额(m^3/工日或 m^3/台班等);

      $\overline{H}$——某施工项目的综合时间定额(工日/m^3 或台班/m^3);

      $\sum_{i=1}^{n} Q_i$——某分项工程计划产量定额(m^3/工日、m^2/工日、m/工日、t/工日等);

      $\sum_{i=1}^{n} P_i$——总劳动量(工日);

      $Q_1,Q_2,\cdots,Q_n$——同一施工项目的各分项工程的工程量;

      $S_1,S_2,\cdots,S_n$——与 $Q_1,Q_2,\cdots,Q_n$ 相对应的产量定额。

零星项目所需要的劳动量可结合实际情况,根据承包单位的经验进行估算。

由于水暖电卫等工程通常由专业施工单位施工,因此,在编制施工进度计划时,不计算其劳动量和机械台班数,仅安排其与土建施工相配合的进度。

5. 确定各项目的施工持续时间

各项目施工持续时间的确定同流水节拍的计算。其确定方法有3种:经验估算法、定额计算法和倒排计划法。

(1)经验估算法。经验估算法先估计出完成该施工项目的最乐观时间、最悲观时间和最可能时间3种施工时间，再根据公式计算出该施工项目的持续时间。这种方法适用于新结构、新技术、新工艺、新材料等无定额可循的施工项目。其计算公式为

$$T_i = \frac{A + 4B + C}{6} \tag{6.5}$$

式中　T_i——施工项目的持续；

　　　A——最乐观的时间估算（最短时间）；

　　　B——最可能的时间估算（正常时间）；

　　　C——最悲观的时间估算（最长时间）。

(2)定额计算法。定额计算法是根据施工项目需要的劳动量或机械台班量，以及配备的劳动人数或机械台班，确定施工过程持续时间。其计算公式为

$$D = \frac{P}{N \times R} \tag{6.6}$$

式中　D——某手工操作或机械操作为主的施工项目的持续时间（天）；

　　　P——该施工项目所需的劳动量（工日）或机械台班数；

　　　N——每天所采用的工作班制（班）或工作台班（台班）；

　　　R——该施工项目所配备的施工班组人数或机械台数。

在实际工作中，确定施工班组人数或机械台班数，必须结合施工现场的具体条件、最小工作面与最小劳动组合人数的要求及机械施工的工作面大小、机械效率、机械必要的停歇维修与保养时间等因素，才能确定出符合实际要求的施工班组数及机械台班数。

(3)倒排计划法。倒排计划法是根据施工的工期要求，先确定施工过程的持续时间、工作班制，再确定施工班组人数或机械台数。计算公式为

$$R = \frac{P}{N \times D} \tag{6.7}$$

式中参数意义同式(6.6)。

(4)编制施工进度计划的初始方案。上述各项内容确定之后，开始编制施工进度计划，即表格右边部分。编制进度计划时，首先把单位工程分为几个分部工程，安排出每个分部工程的施工进度计划，再将各分部工程的进度进行合理搭接，最后汇总成整个单位工程进度计划的初步方案。施工进度计划可采用横道图或网络图的形式。

(5)检查与调整施工进度计划。施工进度计划初步方案编制以后，还需要经过检查、复核、调整，最后才能确定较合理的施工进度计划。

①施工顺序的检查与调整。施工顺序应符合建筑施工的客观规律，要从技术上、工艺上、组织上检查各施工顺序是否正确，流水施工的组织方法应用是否正确，平行搭接施工及施工中的技术间歇是否合理。

②施工工期检查与调整。计划工期应满足施工合同的要求，应具有较好的经济效益，一般评价指标有两种：提前工期与节约工期。

提前工期是指计划工期比上级要求或合同规定工期提前的天数。节约工期是指计划工期比定额工期少用的天数。当进度计划既没有提前工期又没有节约工期时，应进行必要的调整。

③资源消耗均衡性的检查与调整。施工进度计划的劳动力、材料、机械等供应与使用，应避免过分

集中,尽量做到均衡。在此,主要讨论劳动力消耗的均衡问题。一般的检查方法是观察劳动力和物资需要量的变动曲线。这些动态曲线如果有较大的高峰出现时,则可用适当的移动穿插项目的时间或调整某些项目的工期等方法逐步加以改进,最终使施工过程趋于均衡。

劳动力消耗的均衡性可用劳动力消耗不均衡系数 K 来表示,其公式如下:

$$K = \frac{R_{max}}{R_m} \tag{6.8}$$

式中　R_{max}——施工期间的最高峰人数;

　　　R_m——施工期间的平均人数。

K 值最理想为 1,在 2 以内为好,超过 2 则不正常,需要调整。

施工进度计划的每个步骤都是相互依赖、相互联系、同时进行的,由于建筑施工是复杂的生产过程,受客观条件影响的因素很多,如气候、物质与材料的供应、资金等,施工实际进度经常会出现不符合原计划的要求,所以施工进度计划并不是一成不变的,在施工中,应随时掌握施工动态,经常检查,不断调整。

技 术 点 睛

在编制施工进度计划时,注意工序安排要符合逻辑关系。按照各专业施工特点,土建进度水平流水以分层、分段的形式反映,水、电等专业进度按垂直流水以专业分系统、分干(支)线的形式反映。

6.5　资源配置计划

资源配置计划是根据单位工程施工进度计划要求编制的,包括劳动力、物资、成品、半成品、施工机具等的配置计划。它是组织物资供应与运输、调配劳动力和机械的依据,是组织有秩序、按计划顺利施工的保证,同时也是确定现场临时设施的依据。

6.5.1　劳动力配置计划

劳动力配置计划是根据进度计划编制的,主要反映工程施工所需技工、普工人数,它是控制劳动力平衡、调配的主要依据。其编制方法是:将施工进度计划表上每天施工的项目所需的工人按工种分配统计,得出每天所需工种及其人数,再按时间进度要求汇总。劳动力配置计划常用表格形式见表 6.3。

表 6.3　劳动力配置计划

序号	工种名称	需用总工日数	需用人数及时间												备注
			××月			××月			××月			××月			
			上	中	下	上	中	下	上	中	下	上	中	下	

技 术 点 睛

在编制劳动力配置计划时,对劳动力数量、技术水平和各工种的比例应与拟建工程的进度、复杂难易程度和各分部(分项)工程的工程量相适应。

6.5.2 物资配置计划

1.主要材料配置计划

主要材料配置计划是根据施工预算、材料消耗定额及施工进度计划编制的,主要指工程用水泥、钢筋、砂、石子、砖、防水材料等主要材料配置计划,是施工备料、供料和确定仓库、堆场面积及运输量的依据。编制时应提出材料名称、规格、数量、使用时间等要求。主要材料配置计划常用表格形式见表6.4。

表6.4 主要材料配置计划

序号	工种名称	规格	需用量		需用量及时间											备注
			单位	数量	××月			××月			××月			××月		
					上	中	下	上	中	下	上	中	下	上	中	下	

2.成品、半成品配置计划

成品、半成品配置计划是依据施工图、施工方案及施工进度计划要求编制的,主要指混凝土预制构件、钢结构、门窗构件等成品、半成品配置计划,主要反映施工中各种成品、半成品的需用量及供应日期作为落实施工单位按所需规格数量和使用时间组织构件加工和进场的依据。一般按不同种类分别编制,提出构件的名称、规格、数量及使用时间等。其常用表格形式见表6.5。

表6.5 成品、半成品配置计划

序号	成品、加工半成品名称	图号和型号	规格尺寸/mm	单位	数量	要求供应起止日期	备注

3.施工机具配置计划

施工机具配置计划是根据施工方案、施工方法及施工进度计划编制的,主要反映施工所需的各种机械和器具的名称、规格、型号、数量及使用时间,可作为落实机具来源、组织机具进场的依据。其常用表格形式见表6.6。

表6.6 施工机具配置计划

序号	机具名称	规格	单位	需用数量	施工起止日期	备注

6.6 单位工程施工平面图

单位工程施工平面图就是根据拟建单位工程的规模、施工方案、施工进度及施工生产中的需要,结合现场的具体情况和条件,按照一定的布置原则,对施工现场做出的规划、部署和具体安排。将布置方案绘制成图,即单位工程施工平面图。

6.6.1　单位工程施工平面图设计的内容

单位工程施工平面图设计内容一般包括以下方面：

(1)单位工程施工用地范围内的地形状况。

(2)全部拟建的建(构)筑物和其他基础设施的位置。

(3)单位工程施工用地范围内的加工设施(搅拌站、加工棚)、运输设施(塔式起重机、施工电梯、井架等)、存贮设施(材料、构配件、半成品的堆放场地及仓库)、供电设施、供水供热设施、排水排污设施、临时施工道路和办公、生活用房等。

(4)施工现场必备的安全、消防、保卫和环境保护等设施。

(5)相邻的地上、地下既有建(构)筑物及相关环境。

6.6.2　单位工程施工平面布置原则

单位工程施工现场平面布置应符合下列原则：

(1)平面布置科学合理,施工场地占用面积少。

(2)合理组织运输,减少二次搬运。

(3)施工区域的划分和场地的临时占用应符合总体施工部署和施工流程的要求,减少相互干扰。

(4)充分利用既有建(构)筑物和既有设施为项目施工服务,降低临时设施的建造费用。

(5)临时设施应方便生产和生活,办公区、生活区和生产区宜分离设置。

(6)符合节能、环保、安全和消防等要求。

(7)遵守当地主管部门和建设单位关于施工现场安全文明施工的相关规定。

设计施工平面除考虑上述基本原则外,还必须结合施工方法、施工进度设计几个施工平面图布置方案,通过对施工用地面积、临时道路和管线长度、临时设施面积和费用等技术经济指标进行比较,择优选择方案。

6.6.3　单位工程施工平面图的设计步骤

单位工程施工平面布置图的设计步骤一般是:确定垂直运输机械的位置→确定搅拌站、加工棚、材料及构件堆场的尺寸和仓库位置→布置运输道路→布置临时房屋→布置临时水电管线→布置安全消防设施→调整优化。

1.垂直运输机械位置的确定

垂直运输机械的位置直接影响仓库、搅拌站、各种材料和构件等位置及道路和水、电线路的布置等,因此它的布置是施工现场全局的中心环节,应首先予以考虑。

(1)塔式起重机的布置。塔式起重机的平面位置主要取决于建筑物平面形状和四周场地条件,一般应在场地较宽的一面沿建筑物的长度方向布置,以充分发挥其效率。

①布置要求。塔式起重机沿建筑物长度方向布置的平面图如图6.3、图6.4所示。回转半径 R 应满足下式要求,即

$$R \geqslant B + D \tag{6.9}$$

式中　R——塔式起重机最大回转半径,m;

B——建筑物平面的最大宽度,m;

D——轨道中心线与外墙中心线的距离,m。

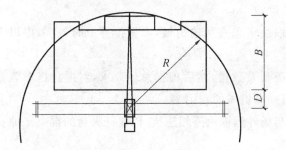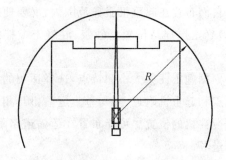

图6.3　轨道式塔吊服务范围及布置　　　　图6.4　固定式塔吊服务范围及布置

②塔式起重机的起重参数。塔式起重机起重量(Q)、回转半径(R)、起重高度(H)三者是否能满足建筑物构件吊装的技术要求,如不能满足,则可以调整公式中的距离D。如D已经是最小安全距离时,则应采取其他技术措施,如采用双侧布置、结合井架布置等。

③塔式起重机服务范围。建筑物处于在塔式起重机范围以外的阴影部分,称为"死角",如图6.5所示。塔式起重机布置最佳状况应使建筑物平面均在塔式起重机服务范围内,避免"死角"。若做不到这一点,也应使死角越小越好,或使最重、最大、最高的构件不出现在死角内。如塔吊吊运最远构件,需将构件做水平推移时,推移距离一般不超过1 m,并应有严格的技术措施,否则要采用其他辅助措施。

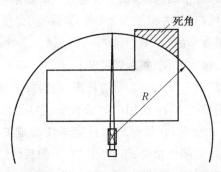

图6.5　塔式起重机布置的"死角"

技术点睛

塔式起重机各部分距低压架空路线不应小于3 m;距离高压架空输电线路不应小于6 m。固定塔式起重机安装前应制定安装和拆除施工方案,塔式起重机位置应有较宽的空间,可以容纳两台汽车吊安装或拆除塔机吊臂的工作需要。

(2)井架、龙门架布置。井架、龙门架布置的位置一般取决于建筑物的平面形状和大小、建筑物高低层的分界位置、流水段的划分及四周场地大小等因素。当建筑物呈长条形,层数、高度相同时,一般布置在流水段的分界处,并应布置在现场较宽的一面,因为这一面一般堆放砖和楼板等构件,以达到缩短运距的要求。

(3)对于无轨自行式起重机,如履带式起重机、汽车起重机等,一般只考虑其开行路线即可。其开行路线主要取决于建筑物的平面布置、构件的吊装方法、构件的重量、安装高度及构件的堆放场地等。

2. 确定搅拌站、仓库、材料和构件堆场以及加工棚的位置

布置搅拌站、仓库、材料和构件堆场以及加工棚的位置时，总的要求是：既要使它们尽量靠近使用地点或将它们布置在起重机服务范围内，又要便于装卸、运输。

(1)确定搅拌站位置。砂浆、混凝土搅拌站位置取决于垂直运输机械，布置搅拌机时，应考虑以下因素：

①根据施工任务大小和特点，选择适用的搅拌机类型及数量，然后根据总体要求，将搅拌机布置在使用地点和起重机附近，并与垂直运输机具相协调，以提高机械的利用率。

②搅拌机的位置尽可能布置在运输道路附近，且与场外运输道路相连接，以保证大量的混凝土原材料顺利进场。

③搅拌机布置应考虑后台有上料的地方，砂石堆场距离越近越好，并能在附近布置水泥库。

④特大体积混凝土施工时，其搅拌机尽可能靠近使用地点。

⑤混凝土搅拌台所需面积 25 m^2 左右，砂浆搅拌机需 15 m^2 左右，冬期施工还应考虑保温与隔热设施。

⑥搅拌站四周应有排水沟，以利于清洗机械和排除污水，避免现场积水。

(2)确定仓库和材料、构件堆放位置。

仓库、材料及构件的堆场的面积应先通过计算，然后根据各施工阶段的需要及材料使用的先后进行布置。

①材料的堆放和仓库应尽量靠近使用地点，减少或避免二次搬运，并考虑到运输及卸料方便。建筑物基础所用的材料应该布置在基坑四周，并根据基槽(坑)的深度、宽度和边坡坡度确定，与基槽(坑)边缘保持一定距离，以免造成土壁塌方事故。

②水泥仓库应选择地势较高、排水方便、靠近搅拌机的地方。各种易爆、易燃品仓库的布置应符合防火、防爆安全距离的要求。木材、钢筋及水电器材等仓库，应与加工棚结合布置，以便就近取材加工。

③各种主要材料，应根据其用量的大小、使用时间的长短、供应与运输情况等研究确定。凡用量较大、使用时间长、供应与运输比较方便者，在保证施工进度与连续施工的情况下，均应考虑分期分批进场，以减少堆场或仓库所需面积，达到降低损耗、节约施工费用的目的。

④按不同的施工阶段，使用不同的材料的特点，在同一位置上可先后布置不同的材料。

⑤如用固定垂直运输设备，则材料、构件堆场应尽量靠近垂直运输设备，采用塔吊进行垂直运输时，可布置在其服务范围内。

⑥多种材料同时布置时，对大宗的、重量大的和先期使用的材料，尽可能靠近使用地点或起重机附近布置；而对少量的、重量小的和后期使用的材料，则可布置得远一些。

⑦模板、脚手架等周转材料，应选择在装卸、取用、整理方便和靠近拟建工程的地方布置。

⑧预制构件的堆放位置要考虑到吊装顺序。先吊的放在上面，吊装构件进场时间应密切与吊装进行配合，力求直接卸到就位位置，避免二次搬运。

⑨砂石应尽可能布置在搅拌机后台附近，石子的堆场应更靠近搅拌机一些，并按石子的不同粒径分别设置。

(3)加工棚的布置。

现场加工作业棚主要包括各种料具仓库、加工棚等，木材和钢筋等加工棚的位置宜设置在建筑物四周稍远处，并有相应的材料及成品堆场。石灰及淋灰池的位置可根据情况布置在接近砂浆搅拌机附近并在下风向。

3.现场运输道路的布置

施工运输道路的布置主要解决运输和消防两个问题,应按材料和构件运输的需要,沿其仓库和堆场进行布置,道路要保持畅通无阻。施工现场主要应尽可能利用永久性道路,或先建好永久性道路路基,在土建工程结束之前再铺好路面,以节约费用。为使运输工具有回转的可能性,因此,运输路线最好围绕建筑物布置成环形道路。道路的最小宽度和转弯半径见表6.7和表6.8。

道路两侧一般应结合地形设置排水管(沟),沟深和宽度不小于0.4 m。

表6.7　施工现场道路最小宽度

序号	车辆类别及要求	道路宽度/m
1	汽车单行道	≥3.5
2	汽车双行道	≥6.0
3	平板拖车单行道	≥4.0
4	平板拖车双行道	≥8.0

表6.8　施工现场道路最小转弯半径

车辆类型	路面内侧的最小曲线半径/m		
	无拖车	有一辆拖车	有两辆拖车
小客车、三轮汽车	6		
一般二轴载重汽车	单车道9 双车道7	12	15
三轴载重汽车	12	15	18
重型载重汽车			
起重型载重汽车	15	18	21

技术点睛

施工道路布置应满足消防的要求,使道路靠近建筑物、木料场等易发生火灾的地方,以便车辆能开到消火栓处。消防车道宽度不小于4 m。施工道路应避开拟建工程和地下管道等地方。

4.临时设施的布置

施工现场的临时设施较多,这里主要指施工期间临时搭建、租赁的各种房屋等临时设施。临时设施必须达到合理选址、正确用材、确保使用功能和安全、卫生、环保和消防要求。

(1)临时设施的种类。

①办公设施:包括办公室、会议室、门卫等。

②生活设施:包括宿舍、食堂、厕所、淋浴室、阅览娱乐室、卫生保健室等。

③生产设施:包括材料仓库、防护棚、加工棚(站、厂,如混凝土搅拌站、砂浆搅拌站、木材加工厂、钢筋加工厂、金属加工厂和机械维修厂)、操作棚等。

④辅助设施:包括道路、现场排水设施、围墙、大门、供水处、吸烟处等。

(2)临时设施的布置原则。

①办公生活临时设施的选址首先应考虑与作业区相隔离,保持安全距离,其次位置的周边环境必须具有安全性,例如不得设置在高压线下,也不得设置在沟边、崖边、河流边、强风口处、高墙下以及滑坡、

泥石流等灾害地质带上和山洪可能冲击到的区域。

②临时办公、生活用房的布置应尽量利用建设单位在施工现场或附近能提供的现有房屋和设施。

③临时房屋应本着厉行节约、减少浪费，充分利用当地材料，尽量采用活动式或容易拆装的房屋。

④临时房屋布置应方便生产和生活。

⑤临时房屋的布置应符合安全、消防和环境卫生的要求。

（3）临时设施的布置方式。

①生活性临时房屋布置在工地现场以外，生产临时设施按照生产的需要在工地选择适当的位置，行政管理的办公室等应靠近工地或是工地现场出入口。

②工人休息室应设在工作地点附近。

③工地食堂可布置在工地内部或外部。

④工人住房一般在场外集中设置。

⑤生产临时房屋，如混凝土搅拌站、钢筋加工厂、木材加工厂等，应全面分析比较确定位置。

5.临时水电管网布置

（1）现场临时供水的布置。

①布置方式。供水管网布置一般有3种方式，即环状管网、枝状管网和混合式管网。3种方式各有利弊：环状管网适用于要求供水可靠的建设项目或建筑群工程；枝状管网适用于一般中小型工程；混合式管网适用于大型工程。

管网的铺设可采用明管或暗管。一般宜优先采用暗管，以避免妨碍施工，影响运输。在冬期施工中，水管宜埋置在冰冻线下或采取防冻措施。

②布置要求。管网的布置应在保证不间断供水的情况下，管道铺设越短越好，同时还应考虑在施工期间各段管道具有移动的可能性。管网的布置要尽量避开永久性建筑或室外管沟位置，并尽可能利用永久管网。

根据工程防火要求，应布置室外消火栓。室外消火栓应靠近十字路口、工地出入口，并沿道路布置，距路边不大于 2 m，与拟建房屋的距离不得大于 25 m，也不得小于 5 m，消火栓之间的间距不大于120 m，消防水管直径不得小于 100 mm；室外消火栓必须设有明显标志，消火栓周围 3 m 范围内不准堆放建筑材料、停放机具和搭设临时房屋等。

（2）现场临时供电的布置。

①变压器的选择与布置要求。

a.当施工现场只设一台变压器，供电线路可按枝状布置，变压器一般设置在引入电源的安全地区。

b.当工地较大，需要设置若干台变压器时，应先用一台主降压变压器，将工地附近的 110 kV 或35 kV 的高压电网上的电压降至 10 kV 或 6 kV，然后再通过若干个分变压器将电压降至 380 V/220 V。主变压器与各分变压器之间采用环状连接布置；而每个变压器到该变压器负担的各用电点的线路枝状布置（即总的配电线路呈混合布置）。各变压器应设置在该变压器所负担的用电设备集中、用电量大的地方，以使供电线路布置较短。

c.变压器应布置在现场边缘高压线接入处，离地应大于 3 m，四周设有高度大于 1.7 m 的铁丝网防护栏，并有明显的标志，不要把变压器布置在交通通道口处。

实际工程中，单位工程的临时供电系统一般采用枝状布置，并尽量利用原有的高压电网及已有变压器。

②供电线路的布置要求。

a.配电线路的布置与水管网相似,亦是分为环状、枝状及混合式3种,其优缺点与给水管网也相似。工地电力网,一般3~10 kV的高压线路采用环状;380 V/220 V的低压线采用枝状。供电线路应尽可能接到各用电设备、用电场所附近,以便各施工机械及动力设备或照明引线接用电。

b.各供电线路宜布置在道路边,一般用木杆或水泥杆架空设置,杆距为25~40 m;距建筑物应大于1.5 m,垂直距离应在2 m之上;在任何情况下,要使供电线路尽可能不做二次拆迁,各供电线路都不得妨碍交通运输和施工机械的进场、退场、装、拆、吊装等;也要避开堆场、临时设施、开挖的沟槽(坑)和后期拟建工程的部位。

c.线路应布置在起重机械的回转半径之外。否则必须搭设防护栏,其高度要超过线路2 m,机械运转时还应采取相应措施,以确保安全。现场机械较多时,可采用埋地电缆代替架空线路,以减少相互干扰。

d.跨过材料、构件堆场时,应有足够的安全架空距离。

e.从供电线路上引入用电的接线必须从电杆上引出,不得在两杆之间的线路上引接。各用电设备必须装配与设备功率相应的闸刀开关,其高度与装设点应便于操作,单机单闸,不允许一闸多机使用。配电箱及闸刀开关在室外装配时,应有防雨措施,严防漏电。

6.绘制施工平面图

单位工程施工平面图是施工的主要技术文件之一,是施工组织设计的重要组成部分,因此,要精心设计,认真绘制。现将其绘制要求简述如下:

(1)绘图时,图幅大小和绘图比例要根据施工现场大小及布置内容多少来确定。通常图幅不宜小于A3,应有图框、图签、指北针、图例。

(2)绘图比例一般采用1∶200~1∶500,常用1∶200,具体视工程规模大小而定。

(3)绘制施工平面布置图要求层次分明、比例适中、图例图形规范、线条粗细分明、图面整洁美观,同时绘图要符合国家有关制图标准,并详细反映平面的布置情况。

(4)施工平面布置图应按常规内容标注齐全,平面布置应有具体的尺寸和文字。比如塔吊要标明回转半径、具体位置坐标,建筑物主要尺寸,仓库、主要料具堆放区等。

(5)红线外围环境对施工平面布置影响较大,施工平面布置中不能只绘制红线内的施工环境,还要对周边环境表述清楚,如原有建筑物的性质、高度和距离等,这样才能判断所布置的机械设备等是否影响周围,是否合理。

(6)施工现场平面布置图应配有编制说明及注意事项。

【案例实解】

北方县城某镇宾馆,工程类别为3类,总建筑面积为4 970.23 m²。室内外高差为0.450 m,一层层高为3.600 m,二至六层层高均为3.300 m;平面尺寸详见平面图。主体结构为现浇混凝土框架结构,墙体采用加气混凝块砌筑。门窗采用70系列铝塑复合保温节能窗,外墙贴80厚FSG保温板;屋面保温防水屋面。某宾馆施工平面布置详见图6.6。

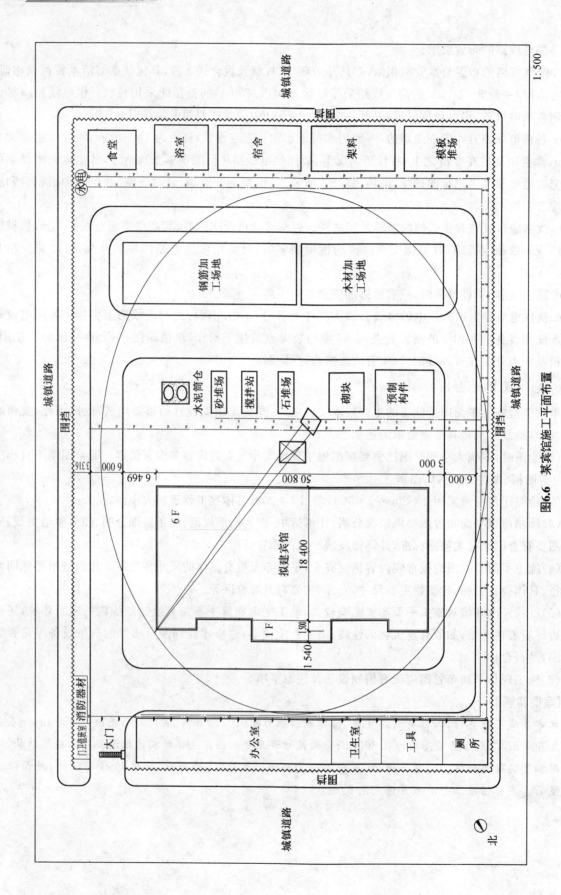

图6.6 某宾馆施工平面布置

1:500

6.7 施工组织设计案例

本案例为某学校教学楼工程施工组织设计。

6.7.1 工程概况

本工程为某学校教学楼,建筑面积为 6 821.5 m²,层高 3.6 m,总高 20.1 m,为 4 层砖混结构,局部为 5 层框架,平面为"一"字形,设一道变形缝。

基础采用钢筋混凝土带形基础,砖混部分基底标高为 −2.3 m,框架部分基底标高为 −2.5 m,基础混凝土强度等级,框架基础为 C30,其他部位为 C20,±0.000 以下砖基础采用 MU10 机制砖、M10 水泥砂浆砌筑。

主体结构抗震按七度设防,楼板为全现浇井字梁板。混凝土强度等级:框架柱、梁 C30、板 C20。墙体外墙厚为 370 mm,框架填充墙为加气混凝土块。±0.000 以上砌体采用 MU10 机制砖,1~2 层为 M10 混合砂浆砌筑,3~5 层为 M7.5 混合砂浆砌筑。

屋面采用高聚物改性沥青防水卷材防水屋面(Ⅱ级防水),外墙装饰为乳白色面砖,内墙及顶棚为白色仿瓷涂料,浅蓝色 1.2 m 高油漆墙裙,盥洗间、厕所间为 1.5 m 高面砖墙裙,墙面及顶棚为瓷釉涂料。教室门为木门,窗为 70 系列银白色铝合金窗。楼地面为普通水磨石地面。

安装工程概况:给排水管采用 UPVC,排水管采用 PVC,消防给水采用焊接钢管,电气设备采用 380 V/220 V 照明配电,设有空调、电话、电视、广播、电铃、接地及避雷系统。

6.7.2 施工方案

本工程分基础、结构、内外装修及安装工程等 4 个阶段。本着先地下后地上、先结构后装修的施工顺序,主体封顶后,室内外装修开始全面铺开,水、电工程循序跟上,实行专业化施工。

1. 测量工程

工程开工前,技术部门和测量人员将场区水准点进行全面复查,复查后报业主、监理工程师和设计单位批准认可,方可施工。现场测量放线由专人负责,并上报阶段测量成果,以保证施工的顺利进行。

2. 基础工程

总的施工顺序是:土方开挖→地基验槽→灰土垫层→混凝土基础→砖基础砌筑→回填土。

(1)土方开挖。土方开挖局部采用大开挖,开间大的部位采取抽槽开挖的方法。本工程采用一台 1.0 m³ 反铲挖土机,根据土质和现场确定的室内标高情况,适当放坡。土方一次挖至 −2.3 m 和 −2.5 m 标高。

(2)地基验槽。土方开挖后,按要求进行探孔,探孔深度不小于 2.5 m,间距不小于 1.5 m。有关各方共同验槽。同时做好原土取样,填写好记录,试验合格后进行垫层混凝土施工。

(3)灰土垫层。应分层铺土、分层夯实,并进行环刀取样,进行测试,确保工程质量。

(4)混凝土基础。工艺流程是:钢筋绑扎→支模板→清理地基上杂物→混凝土搅拌→混凝土浇筑→混凝土振捣→表面找平→养护。钢筋绑扎应注意先摆放受力筋,后摆放分布钢筋,采用砂浆垫块,并固定柱子钢筋;混凝土浇筑完后应及时覆盖,12 h 后浇水养护,不少于 7 昼夜。

(5)砖基础砌筑。工艺流程是:作业准备→细石混凝土找平→立皮数杆→排砖撂底→砌筑→自检验评。常温施工时,黏土砖必须在砌筑的前一天浇水润湿。砂浆应随拌随用,不允许使用过夜砂浆。砖的组砌方法为满丁满跑,采用"三一"砌砖法。基础砌筑的同时,水电等各种管道必须按设计位置预留。

(6)回填土。基础施工完毕,经验收后进行回填土施工。土方回填应严格控制施工工序和含水率,以确保回填土的施工质量,回填时基坑应干燥不潮湿。

3.主体工程

(1)钢筋工程。进场钢筋严格执行钢筋验收标准。浇混凝土前检查钢筋位置是否正确,并用垫块加以固定;钢筋绑扎完成一段验收一段,验收时由施工单位组织监理、业主共同进行。验收合格后做好隐蔽验收记录方可进行下一道工序。

(2)模板工程。所有的梁、柱和楼板模板采用18 mm覆面竹胶合板,尺寸1 220 mm×2 440 mm,木方作纵横龙骨,对拉螺栓,顶板支撑采用钢管。模板安装前,应办完钢筋、水电隐检手续。

(3)混凝土工程。梁板混凝土浇筑成阶梯形向前推进,边浇筑边振捣。楼面标高控制是在柱子钢筋上用红线标出1.0 m线,拉通线刮杠找平楼面标高。楼面混凝土施工缝留直槎,用新型的快易收口网阻隔。浇筑方向由远及近。楼梯施工缝留设在平台上第3或第4个踏步处。混凝土试块应在现场浇筑地点随机取样。

(4)砌筑工程。加气混凝土砌块墙体应在主体结构全部施工完成后由上而下逐层砌筑,当每层砌筑到板底或梁底附近时,应待砌块沉实后,再斜砌此部分墙体,逐块敲紧砌实。砌砖墙工艺采用一顺一丁或梅花丁的组砌方式,双面挂线,"三一"砌砖法。

4.屋面工程

(1)屋面保温层:按规范和设计要求进行施工,保温层施工完成后,应及时铺抹水泥砂浆找平层,以减少受潮和进水。

(2)屋面找平层:常温下施工完成后24 h浇水养护,养护时间不少于7 d,干燥后即可进行防水层施工。

(3)屋面防水层:工艺流程为清理基层→配置胶黏剂(随配随用)→处理复杂部位→防水层施工→灌水试验→保护层施工→验收。

5.脚手架工程

脚手架的搭设必须符合规范要求。拆除脚手架必须制定拆除方案。

6.装饰工程

室内装修自上而下逐层进行,同时按顶棚、墙面、地面的顺序施工。室外装修在主体结构和外墙砌筑完成后自上而下进行。装饰工程开始前,每个房间弹上与结构阶段相一致的+50 cm标高线,十字中心线既弹在地板上,又弹到天棚上和墙上,十字线上下一致。

室内抹灰前,应做样板间先对室内找方,做灰饼。顶棚抹灰前,在靠近顶板的四周墙面上弹出一条水平线,作为顶棚抹灰的控制线。室内抹灰分层分遍进行,均按高级抹灰标准施工,做到墙面光滑,阴阳角方正。

楼地面为防止起砂,应严格控制好配合比;为防止地面空鼓,施工前两天对基层浇水润湿,施工面层时,先刷素水泥浆结合层,水灰比为0.4~0.5为宜。卫生间基层施工时,从地漏出水口向四周拉放射线找坡,在地漏四周范围做成5%的泛水坡度。

楼梯踏步抹面的施工顺序是先抹立面,再抹平面。楼梯面层施工完后铺洒锯末湿润养护7 d。外墙及室内卫生均采用面砖,施工工艺:基层处理→打底抹灰→铺贴面砖→擦缝→勾缝。

7.安装工程

(1)给水管安装工艺:安装准备→预制加工→干管安装→立管安装→支管安装→管道试压→管道防腐及冲洗。

(2)排水管安装工艺:安装准备→管道预埋→排水干管安装→排水立管安装→排水支管安装→灌水试验→通水通球试验。

6.7.3 施工进度计划

根据各阶段进度绘制的教学楼工程施工网络计划如图6.7所示。

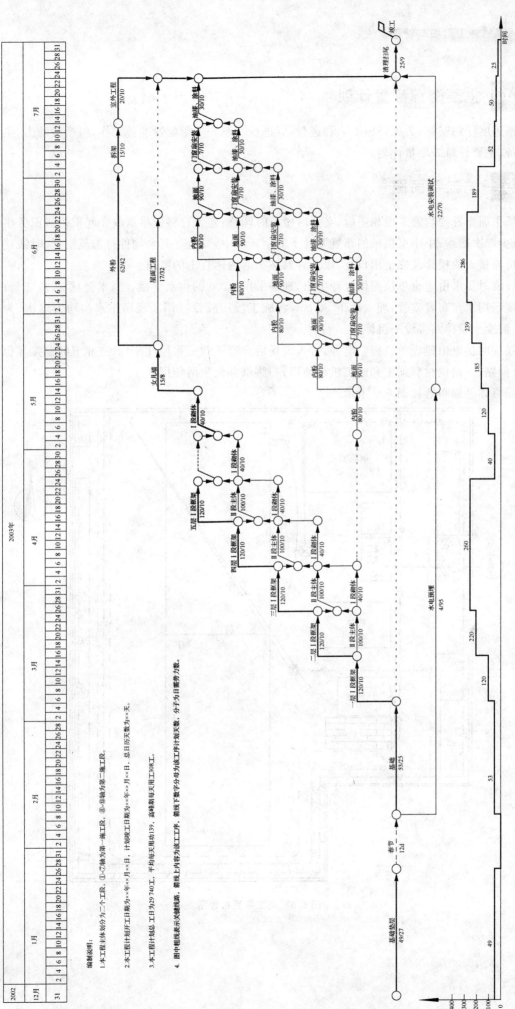

图6.7 教学楼工程施工网络进度计划图

6.7.4 主要资源配置计划

根据进度计划安排,为保证施工顺利进行,应进行一系列资源配置准备工作,包括劳动力、主要施工机械设备、主要材料需要量计划。

6.7.5 施工平面图

现场平面布置要与施工段相适应,必要时做及时调整;施工材料应尽量放在起重机械服务半径范围内,以减少二次搬运;中小型机械的布置要处于安全环境中,要避开高空物件打击范围;临时线路敷设要避开人员流量大的楼梯及安全出口处,以及容易被坠落物体打击的范围。

现场临时供水由建设单位提供水源引出,现场采用 φ100 的供水管径,经(水表)供入施工管网,管网布置沿现场用水点布置支管,埋入地下 80 cm,各施工段用胶管接用。现场排水沟均为暗沟,为保证清洁卫生,混凝土搅拌站旁设一沉淀池。

现场临时供电由建设单位提供电源,进入现场后自行接线。采用 TN—S 三相五线制接零保护系统供电,分两路:一路供材料加工和施工机械使用;一路供办公生活使用。

现场具体平面布置如图 6.8 所示。

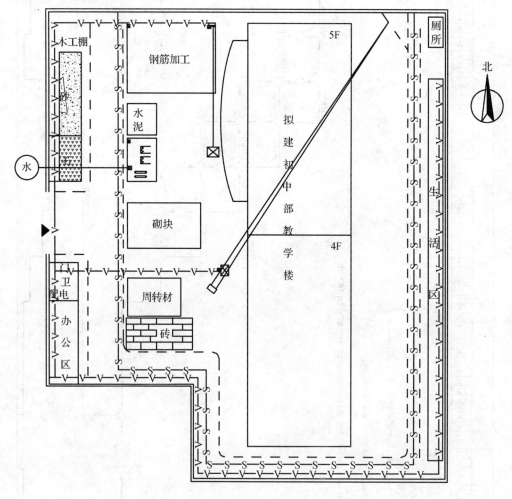

图 6.8 施工平面布置图

6.7.6　主要施工组织管理措施

1. 保证质量措施

(1)做好技术交底工作;严格执行现行施工及验收规范,按质量检验评定标准对工程质量检查验收。

(2)施工中坚持严防为主的原则,对每个分项工程施工前都必须制定相应的预防措施,进行质量交底,做出样板,经验收达到优良标准后再全面展开施工。

(3)加强现场技术管理工作,对工程质量进行动态控制,严格按照工程质量控制程序进行质量控制。

(4)施工中坚持"三检制"和"隐蔽工程验收制",上道工序未经检验合格,不允许下道工序施工。

(5)坚持工程质量奖罚制度,每周组织一次评比,对工程质量好的进行奖励,对工程质量差的进行处罚。

2. 保证安全措施

(1)实行三级安全生产教育,建立安全生产责任制。

(2)施工前要做好安全交底,进入施工现场必须带好安全帽。

(3)施工现场悬挂各种安全标志牌,随时提醒工人注意安全。

(4)坚持预防为主,对安全事故处理按"四不放过"的原则办理。

(5)严格按《建筑施工安全检查标准》(JGJ 59—2011)所规定的要求对施工现场进行安全检查,并做好记录。

(6)做好雨季施工的安全教育,使员工掌握防雷电、防滑知识。

3. 保证工期措施

(1)编制各分部分项工程最佳且可行的施工方案和进度计划,合理安排施工顺序,组织流水施工。

(2)确保工程所需各种材料的正常供应,杜绝停工待料现象。

(3)施工过程中,充分利用时间、空间及工作面,组织立体交叉作业。

(4)模板全部采用快支快拆体系,以提前拆模时间。现浇楼板采用清水混凝土。

(5)实行工期目标管理,设立工期奖罚制度,按计划提前工期者奖,拖延工期者罚。

(6)做好与设计、监理、业主等的协调工作,定期召开施工现场会议,解决施工中出现的各种问题,确保施工顺利进行。

4. 环境保护及文明施工措施

(1)建立文明工地管理体系。

(2)认真搞好场容场貌。

(3)进场材料堆放应规范化。

(4)生产区文明施工管理。

(5)生活区文明工地管理。

(6)防噪声措施。

基础同步

一、填空题

1. 单位工程施工组织设计的核心内容是_____。

2. 对于大体积混凝土,一般有3种浇筑方案:_____、_____和_____。

3. 室内装饰工程一般有_____、_____、_____ 3种施工流向。

4. 框架结构模板的拆除顺序,首先是_____,然后是_____,最后是_____。

5. 施工过程中实行"三检制",具体指_____、_____和_____。

二、选择题

1. 单位工程施工组织设计一般由(   )负责编制。

A. 建设单位　　　　　B. 施工单位　　　　　C. 监理单位　　　　　D. 设计单位

2. 对建筑设计简介中应重点描述的内容是(   )。

A. 平面形状和组合　　　　　　　　B. 建筑面积和层高

C. 内、外装饰做法　　　　　　　　D. 施工要求高、难度大的项目

3. 下列关于施工方案制定的原则说法错误的是(   )。

A. 制定方案首先必须从实际出发,切实可行,符合现场的实际情况,有实现的可能性

B. 满足合同要求的工期,就是按工期要求投入生产,交付费用,发挥投资效益

C. 确保工程质量和施工安全

D. 在合同价控制下,为保证工程质量,可增加施工成本,减少施工生产的盈利

4. 施工平面图不包括(   )。

A. 地下已拆除建筑物　　　　　　　B. 道路

C. 文化生活和福利建筑　　　　　　D. 安全、消防设施位置

5. 混凝土自高处倾落的自由倾落高度不应超过(   ),在竖向结构中自由倾落高度不宜超过
(   ),否则应采用串筒、溜槽、溜管等下料。

A. 2 m,4 m　　　　　B. 2 m,5 m　　　　　C. 2 m,2.5 m　　　　　D. 2 m,3 m

三、简答题

1. 什么是单位工程施工组织设计?包含哪些内容?

2. 进行单位工程施工平面图设计时,对消火栓设置要求包括哪些内容?

3. 试述单位工程施工组织设计的编制原则和程序。

4. 确定施工方法应遵循的原则。

5. 阐述主体结构的施工顺序。

案例分析

背景：

某小区 4# 住宅楼工程，框架结构 6 层，外墙为混凝土小型空心砌块砌筑，总建筑面积 3 960 m²，东西总长 55 m，南北宽 12 m，其中建筑面积为 3 896.52 m²。工程北外墙距离已建住宅楼 12.5 m，南端距道路 23.6 m，楼西侧空地宽 25 m，东侧空地宽 30 m，建筑高度 19.6 m，层高 2.8 m，地下负一层为车库，层高 2.8 m。

问题：

(1)试确定主体结构施工方案。

(2)绘制主体结构施工现场平面图。

参考文献

[1]中华人民共和国建设部,中华人民共和国国家质量监督检验检疫总局.GB/T 50326－2006 建设工程项目管理规范[S].北京:中国建筑工业出版社,2006.

[2]中华人民共和国住房和城乡建设部,中华人民共和国国家质量监督检验检疫总局.GB/T 50319－2013 建设工程监理规范[S].北京:中国建筑工业出版社,2013.

[3]全国二级建造师执业资格考试用书编委会.建筑工程管理与实务[M].北京:中国建筑工业出版社,2012.

[4]程玉兰.建筑施工组织[M].哈尔滨:哈尔滨工业大学出版社,2012.

[5]韩应军,于锦伟.建筑施工组织[M].北京:煤炭工业出版社,2004.

[6]张洁.施工组织设计[M].北京:机械工业出版社,2006.

[7]危道军.建筑施工组织[M].北京:中国建筑工业出版社,2007.

[8]李红立.建筑工程施工组织编制与实施[M].天津:天津大学出版社,2010.